HORRIBLE SCIENCE

可怕的科学

经典数学系列

逃不出的怪圈
——圆和其他图形

VICIOUS CIRCLES AND
OTHER SAVAGE SHAPES

（英）卡佳坦·波斯基特／原著　（英）菲利浦·瑞弗／绘　王建国／译

北京出版集团公司
北京少年儿童出版社

著作权合同登记号

图字：01－2009－4303

Text copyright © Kjartan Poskitt, 2002

Illustrations copyright © Philip Reeve, 2002

Originally published in the UK by Scholastic Ltd, 2002

图书在版编目（CIP）数据

逃不出的怪圈：圆和其他图形／（英）波斯基特（Poskitt，K.）原著；（英）瑞弗（Reeve，P.）绘；王建国译. —2 版. —北京：北京少年儿童出版社，2010.1

（可怕的科学·经典数学系列）

ISBN 978－7－5301－2336－2

Ⅰ.①逃… Ⅱ.①波… ②瑞… ③王… Ⅲ.①初等几何—少年读物 Ⅳ.①O123－49

中国版本图书馆 CIP 数据核字(2009)第 181273 号

可怕的科学·经典数学系列

逃不出的怪圈——圆和其他图形

TAO BU CHU DE GUAIQUAN——YUAN HE QITA TUXING

（英）卡佳坦·波斯基特　原著

（英）菲利浦·瑞弗　绘

王建国　译

*

北京出版集团公司
北京少年儿童出版社　出版

（北京北三环中路 6 号）

邮政编码：100120

网　　址：www．bph．com．cn

北京出版集团公司总发行

新 华 书 店 经 销

北京燕旭开拓印务有限公司印刷

*

787×1092　　16 开本　　10 印张　　50 千字

2013 年 4 月第 2 版　　2014 年 8 月第 26 次印刷

ISBN 978－7－5301－2336－2/N·125

定价：16.80 元

质量监督电话：010－58572393

目 录

神秘的地下室

嘘，本不应该有人知道这里的情况，但是……

……在经典数学协会大厦的电梯中有50个按钮，按下不同的按钮，电梯就可以把你送到不同的楼层。当然，这算不上什么令人振奋的消息，但是鉴于你们曾经与我们共同在《要命的数学》一书中花了不少工夫，我们将向你揭开另一个惊人的秘密！如果你将第7、35和43个按钮同时按下，电梯就会把你们送到大厦很深的地下室的一个秘密的地方。因为到那儿还需要几分钟的时间，我们就利用这段空隙给你们解释解释，这个地方的特别之处到底在什么地方……

没有数字的区域

大部分数学都要用到许多数字、一些字母、一些符号和一些没有人确切知道其意义的奇怪的弯弯曲曲的符号，但是，这个秘密的地下室实在是太要命了，这里的数学根本不用数字！没有数字意味着……

　　这的确是真的。你们此次梦幻般的探秘所需要的一切也就是几个图形和丰富的想象力！老实说，即使你是那些热衷于不厌其烦地把一个巨大的数破解为许多小数的人们中的一个，你也会承认，时不时地干点别的与众不同的事，还是挺好的。

　　牛顿是永垂不朽的伟大的数学大师之一（就是那个苹果砸到头顶上，"噢——嘿——我就这样发现了引力"的人），他习惯于做长达数千米的算术题，即使是他也承认……

　　因此，把你那小小的计算器放在一边，你根本用不着它的。你甚至也用不着扳着手指头数数，如果你愿意，甚至可以戴上一副拳击手套。你将会发现下列物品是很有用的：

　　▶ 一支或两支不错的铅笔（几支削得尖尖的彩色铅笔将会给你带来更多的乐趣）。

　　▶ 一只圆规。

　　▶ 一把剪刀。

▶ 一些洁净的白纸。方格纸可以使你轻轻松松地迅速画出直角或长度准确的直线。

下述东西也可能迟早有用：

▶ 一个45°角的三角板。

▶ 一个60°角的三角板。

▶ 一个量角器。

角

我们不用作任何长度测量。但是我们需要知道一些角度。人们过去习惯于以直角——你亦可称之为"四分之一个圆"为基准来进行角度的测量。而现在我们则用"°"这种符号为单位来进行角的度量。下面即是它们之间的相互关系：

1个直角 = 1个1/4圆 = 90° =

2个直角 = 1条直线 = 180° =

4个直角 = 1个整圆 = 360° =

所有这一切是什么意思？

我们将要与之打交道的乃是形状。在远古时代，这种研究形状的学问就已被称为几何学，在几何学中我们主要关注的就是要找出在什么条件下，角度的大小相等、线段的长度相等以及图形的面积相等。所以当电梯停下来时，你们还要注意保持自己头脑的清醒……

当你从电梯中迈出之后,你就会发现你已身处一个绝对秘密、高度安全的禁区之内!在这里,温度和湿度被严格精确地监测着,地板、墙壁和天花板都是用可以吸收任何振动的软橡胶制成,并且任何嗡嗡乱飞的苍蝇都会立即被激光光束杀死。

当古希腊人最初开始研究数学时,他们最钟爱的对象就是图形。这就是为什么他们的许多发现都是来自于对数学图形的研究的缘故。其中一些图形是用墨水和纸画出来的,但还有很多只不过是在地上的沙子上描出来的。我们是很幸运的,在这儿你们可以看到，那些诸如毕达哥拉斯和阿基米得等伟大的数学天才的追随者们总是在晚上偷偷溜进大师们研究的地方，如何小心翼翼地把一个托盘插入到上面画有图形的沙子下面，以这种办法将这珍贵无比的原作带回家拿给朋友们看。妙就妙在尽管经历了那么多的战争、地震、狂风暴雨，某些这种图形实际上在几千年后依然完好无损地保留下来，最后进了我们这个秘密的地下宝库。

这里有一个最简单的图形。它揭示了图形的一个最为重要的定理：

是的，的确如此。"等腰"的意思实际上是指在一个等腰三角形中有两个"相等的腿"，这两条相等的边所对的角也必然永远相等。不管这个三角形是又尖又长还是又矮又胖的，都无关紧要。有趣之处就在于这是数学，但这里面却不牵扯任何数字！

这个图形可以追溯到几千年以前，想想看，在这么长的时间里竟然没有一粒沙子移动过，难道不是很有趣嘛！

那边有个半圆上的泰勒斯角★，再过去就是一些全等三角形。

嘿！那个看上去像个棺材！

别摸那个！

那是不吉利的！

咳!

对不起——吃点糖，放松一下……

★泰勒斯角，即直径所对的圆周角。

如果我来一块，不介意吧！

噢，倒霉！我刚想起来我对柠檬汁过敏！

阿——阿……阿……嚏！

呸!

初试身手

在我们埋头潜心探究那些三角形啦、多边形啦、圆啦、日本的折纸艺术等之前，让我们先来试试把我们刚才在秘密藏宝库中不经意视之为"无用之物"的沙三角形重新画出一个来。古希腊数学天才宣称："半圆所对的圆周角总是直角。"

证明它！

噢，亲爱的。即使我们不用做任何算术题，还是少不了要面对另外的挑战。这些挑战就是要证明某些事情必然是正确的。让我们首先来验证一下这个定理，瞧瞧我们的本事如何……

▶ 画出一条线段，将你的圆规的尖端刺在线段中央，以此线段为直径作一个半圆。我们将直线与半圆的交点记为M和S。（为什么不呢？你也可用任何你喜欢的字母。）

▶ 在半圆上任意选一你喜欢的点，并称之为珍妮特（为什么就非用字母？）。珍妮特可以在半圆的中央，也可以向左接近M，或者向右接近S。

▶ 从珍妮特处向M和向S分别各画一条直线。

7

▶ 核查珍妮特角的大小，它们应该总是直角！（三角板对于核查直角非常有用。）

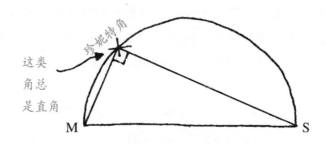

现在，我们要感谢泰勒斯，经典数学为您自豪地献上：

一个用三角板画半圆的办法，尽管它画的过程挺脏，并且完全没有实用价值：

1. 找一块不介意你往上面按图钉的平板。

2. 摁上两枚图钉。这两个图钉之间的距离应比你的三角板的最短的边还要稍稍短些。

3. 在这个平面板上轻轻均匀地撒上一层面粉或者烟灰或者沙子*。

4. 把你的三角板放在两枚图钉之间，令其两个短边分别各接触一个图钉（三角板两个短边所夹的角是直角）。

5. 在保持两个边与图钉接触的状态下，左右转动三角板，使其在面粉、烟灰或沙子上画出一个图形来。

6. 这个图形必定是一个完美的半圆！

★ 提示：如果你是在做测验，并且要把你做出来的半圆交上去评分，那么在平面板上撒上一层湿的水泥粉，然后在画出半圆图形之后，用吹头发的吹风机把它吹干为好。

8

正如你可以看出的，泰勒斯定律似乎是永远成立的。

他是对的。我们需要做的是要证明泰勒斯定律永远必然成立，但这就需要专家的知识。因此，只要您允许，法官大人。我们暂且把这个问题留待到第 108 页时再来处理。

半圆

泰勒斯对于他所发现的半圆上的角的规律非常满意，决定以一种现实的方式来加以庆贺。他决定把一头牛牵到祭台去献祭。但是不要担心，如果你数学题解得正确，那答案就可以使你用不了多少工夫就能对付那头牛的。你不用围着牛转来转去就能把牛的内脏掏出来了。

9

几种符号

在这本书中，我们将要研究许多带有角啦、曲线啦、直线啦等等等等元素的漂亮图形。为了接着往下说，有3种符号你们需要知道：

长度相等

两条短线段长度相等，它们用单连字符标注。如果两条较长的线段也是等长的，为了把它们与短线区别开来，故而用双连字符标注。

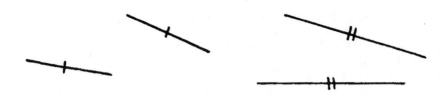

平行线

带有单箭头（或双箭头）的直线是相互平行的（如果它们的长度不等同，也无关紧要），这就意味着你可以永远无限延长这些直线，而它们永远以同一距离相互分开（即永不相交），就像火车轨道的直道部分一样。

角度相等

当几个角相等时，它们或者可以用相同的字母标注，也可用角内的一小段弧来标注（我们已在第5页的等腰三角形中看到过此种弧形符号）。如果有不止一组角相等，则我们用双弧线表示第二组相等的角，如果有三组等角，则用三道弧表示，以此类推。

古代希腊就有了这样一条定律：两条直线相交，对顶角相等。此外，若一直线与两条平行线相交，你会得到称为同位角的相等的角。

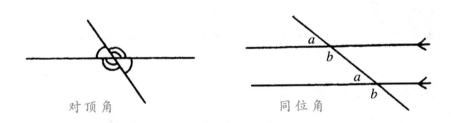

对顶角　　　　　　　　　同位角

如果你已有点着迷了，你可以画出两组相交的平行线。它们相交的中间部分形成的图形叫做"平行四边形"。有趣之处是如果将所有相等的边和相等的角都加以标注出来的话，它就会是这个样子：

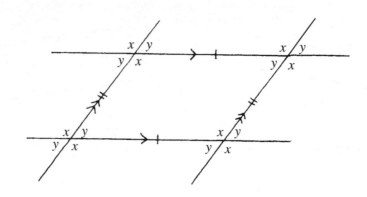

这样，下次如果下午再下大雨，你就知道该做些什么了。

不，还不算太倒霉！

12

图形，线段和角的标注

常常在一幅图上用许多字母来描述不同的部分。最简单的三角形是这样的：三角形ABC，如果有人问你关于角A的有趣问题，你可以毫无疑问地认为那就是我们在这里用阴影表示出来的这个角。如果要描述从B到C的粗线，你可以将其称之为"BC"即可。

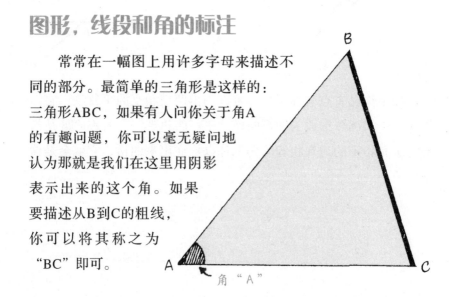

角"A"

当我们遇到更复杂的图形时，你就必须要更为小心仔细……

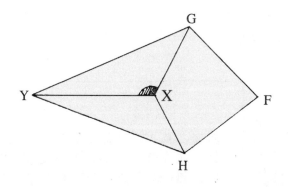

线段FG在何处是很显而易见的，猜对哪个图形是三角形HXY也没有什么奖品。但是你如何来描述图中标有阴影的角呢？你就不能简单地称之为角"X"，因为那里有3个角！最简单明了的方法就是这样写：GXY。你可以看到在中间的X戴着一顶小纸帽子。这就意味着角的顶点是X。G和Y告诉你这个角在哪两条线之间。或者，你也可以这样写：∠GXY。

现在人们都忙得要命，甚至不愿浪费一点时间来写"那顶小帽子"。他们总是把角叫做"GXY"，但这可能会造成麻烦。因为可能别人不清楚你到底说的是那个角还是整个三角形GXY。就是这一类的混淆不清可能造成整个国家蒙受灾难甚至停止发展的后果，所以最好还是花点工夫吧。

最后的警告

尽管你可以使用你所喜欢的任何字母或名字来标注图形，但是千万要小心仔细……

等腰三角形BNG有一条垂线。从N到BG边，相交于点I。线段GN延长到A，然后经过P点连接到B构成一个不规则的四边形。同样，BN延长到T然后经S连接到G，因此，四边形BNAP与四边形GNTS全等。

这听起来非常地道，给人印象深刻，是不是！然而，当你看到下面这个图形时……是不是就晕了。

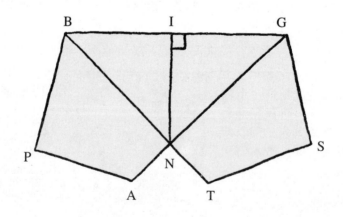

点、交点和轨迹

正如你可能已经知道的，从一个圆的中心到圆上任意一点的距离叫做圆的半径。但是如果你有一位水平不怎么样的老师，而他的脾气又不好。你就可能会落入这样的圈套……

惨啦，他是对的。这是因为"半径radius"这个词源于古老的拉丁文，它的意思……实际上是界限、范围。麻烦就在于，拉丁文的词可以根据它们用于什么样的句子当中而有不同的后缀。只有一条半径的话，这个单字的后缀就是"us"，而如果有不止一条半径，那么"us"就变成了"i"。就这样，radius才会以两个字母"ii"为后缀。古怪不古怪？提醒提醒你，"radii"在填字谜游戏中经常出现，记住了，如果你曾经在填字谜时被难住过，下回就顺利多了。

下面这样来分析更好。凡是老教师都知道radius和radii，但

15

这仅仅是故事的一半。如果他们真的想使他们的拉丁文正确无误，他们就应该了解radius的所有可能后缀。如果你仅仅测量一个半径，要想用绝对专业的语汇，你应该说，"我要测量radi-um。"用词文雅吧？嗯？但是如果我们测量不止一个半径，并且使用一点变戏法的手法，我们就稍微花上几分钟，你可能会这样说……

这一对话这样进行会更好：

这个想法很不错，是不是？但是到目前，我们还仅仅将话题局限在"raidus"和"radii"上。

我们即将在后面的关于椭圆这一章节中遇到"轨迹locus"和"loci（拉丁文轨迹的复数）"，还有"焦点focus"和"foci（焦点的复数）"，不过，你千万别犯这种错误……

Loci轨迹

轨迹乃是人们为许许多多遵循同一规律的小点的集合所起的名字，这个解释听起来非常唬人，其实要弄明白是什么意思挺容易的。假设你这儿有一个圆，圆心处有一个小十字记号，那么圆上任何一点到小十字中心的距离都相等。事实上，如果我们不把这个圆叫做圆的话，我们可以把它称为：与这个小十字中心距离相等的所有点的轨迹！"圆"的这个概念是不是挺容易领会的？

垂直平分线

17

下面有个关于轨迹的小故事……极其可爱的维罗尼卡急急忙忙回家去见她的匈牙利裔澳大利亚表哥，她正要穿过操场，看到操场一边站着维恩，另一边是罗德尼。他们二人都满怀期盼地朝她这边望着。她心中明白，如果她走过时无论离谁近一点，都会立即被认为他受到她的邀请陪伴她走回家，并在她家门前的石阶上获得一个甜蜜的长吻。这对于维罗尼卡来说从来就不是什么问题，但是今天——情况不同了，那位匈牙利裔的澳大利亚表哥还在那儿等着呢——不行，谢谢了，小伙子们！

那么维罗尼卡怎么走才能使她总是与维恩和罗德尼都保持完全一样的距离呢？

此处我们所需要的就是求出与罗德尼和维恩二人距离完全相等的所有的点的轨迹。你可能会想，这可得进行大量的测量工作，还得用2除，但是，不！用不着！看看这个：

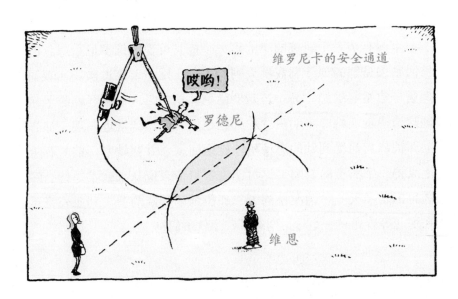

▶ 画一张图表明维恩与罗德尼的位置。

▶ 把你的圆规的尖头刺向维恩，然后把圆规张开，略大于到罗德尼距离的一半，然后画弧（一段弧就是圆的一部分）。

▶ 令你的圆规准确保持住张开的距离……然后将圆规的尖刺在罗德尼处，画第二条弧线与第一条弧线相交于两点。

▶ 最后用直尺通过两弧交点处画一条直线。如果你在这条直线上取任意一点，你将会发现从此点到罗德尼和维恩的距离完全相等——因此，这条线就是维罗尼卡的最安全的路线！

这个简单的画图技巧还有另外的用途。如果你已经拥有一条画好的线段，你可用另外一条与之成90°的直线将其分为相等的两半。

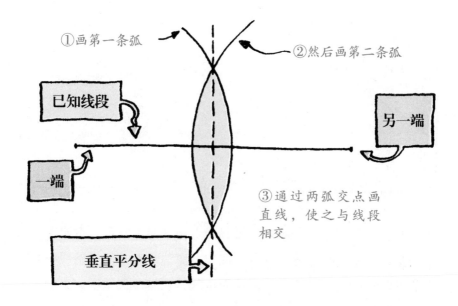

①画第一条弧　　　②然后画第二条弧

已知线段

另一端

一端

③通过两弧交点画直线，使之与线段相交

垂直平分线

上图解释了一切。务必要注意的是，你在画两条弧线时，圆规张开的大小程度必须完全相同。这条新作出的直线具有一个极其贴切的名字——因为它与线段成90°角并将线段二等分（即将其截为两半），故它叫做该线段的垂直平分线。

作垂线

　　克洛内尔上校身穿一件荷兰人织的泳裤在海里泡海澡。不幸的是，裤带松了，泳裤挂在了一张经过的拖网上，现在他发现自己一丝不挂地泡在水中，正发愁如何回到海滨他那更衣室里去。幸运的是，你刚好在旁边，可以用"经典数学"中的一个小办法帮他摆脱困境。显而易见，他必须得冒着寒冷来一个短跑冲刺，但哪儿是从海中到他更衣室的最短的路线呢？

　　如果你画一个图，就会很容易地看出从海边到更衣室走哪条路线最近。就是从更衣室到海边画出与海边成直角的一条线。如果你准确地画出这条线，它就叫做垂线，在这个例子中，我们是从更衣室作海岸线的垂线。

　　▶　把圆规的尖脚刺在更衣室处。

　　▶　把你的圆规张开，使其另一个脚能够够到海岸线并超过它。画一条弧线，使之与海岸线两次相交。我们把这两个交点叫做N和C〔N、C是英文"裸体的上校（Naked Colonel）"的首个字母〕。

▶ 作介于N与C两点之间那一段海岸线的垂直平分线。

▶ 注意，有趣之处就在这里。如果你图作得完全正确，你就会发现平分线会通到更衣室那里。

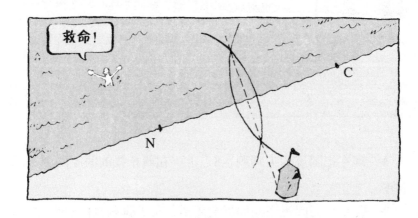

对喽！你已经作出了从更衣室到海岸线的垂线了，那就是上校要跑回更衣室穿上衣服的最短路线。

（这个例子表明了懂点数学极有好处。如果你不会作垂线，你就得去给上校取一条大浴巾，这就不那么有趣而且滑稽了。）

等分角

你正驾驶你的宇宙号飞船进入某个星球的峡谷中。突然，你发现峡谷越来越宽，但是你的状态显示器表明那大峡谷的两壁是具有磁性的。你必须找出一条准确位于峡谷两壁中间的飞行路线——稍有一点偏差，你的飞船就会发出稀里哗啦的声音，被峡壁吸过去，船毁人亡。

该是取下你的互动式护目镜，绘制一幅电脑地图的时候了。

你所需要知道的是距峡谷两壁距离相等的点的轨迹。这听起来挺吓人的，但是幸运的是，真画起来可比说的要容易得多。你所要做的其实就是把峡谷两壁的夹角平分开来。

▶ 把你的圆规尖脚刺在两线的交点处。把圆规张开，画一条弧线与两线相交，我们称交点为S和P（代表吓得结结巴巴的你）。

▶ 现在把圆规的尖脚刺在S点上，在两条线的间隙的中部画一条弧。

▶ 保持你的圆规张开同样的距离，将尖脚刺在P点处，画另一条弧线与前一条弧线相交。

▶ 把两弧相交之处与角的顶点相连起来。

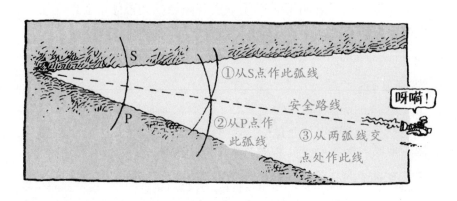

你刚刚画出的直线已把该角准确地分为两半——那就是你应该飞的路线。

好，不错，你已经学会了用圆规做几桩漂亮活儿，搞清楚了轨迹是什么，还掌握了一点拉丁文对话用语。在讲到椭圆那一章中还将要与更有趣的轨迹打交道，但是在我们往下继续之前，先来看看这个密码字吧……KYCOETSD。

我们在本书中将会多次使用它，为了节省篇幅，你能猜出它是什么意思吗？要找出答案，请再向回翻几页看看。先给你透露一些线索："C"代表圆规。

三角形全揭秘

三角形有三条边，三个角，有三种不同类型，而关于三角形的最重要的一句话是：

三角形不会坍塌

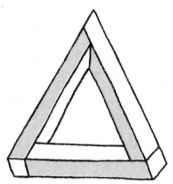

为充分了解这句话的意义，我们不妨追上不知用什么办法把美丽可爱的维罗尼卡骗出来去野餐的庞戈，看看他们在做什么。

于是，作为一个地道的绅士，庞戈要为维罗尼卡做一个座位。他搞来4根粗壮的树枝，从他的袋子里掏出一把锤子，几枚钉子，把它们钉到一起，成了一个漂亮的四方形的框架让她坐。

如果庞戈选择三角形的话，那就不一样了！

　　如果要用三条边构成三边形的物体，把三边在三个角处分别联结到一起，则它永远会是稳固的，但是形状超过三个边的物体则会突然倒下的。如果你观察一下输电线铁塔，就会看到它的整体结构挺复杂，但是它是可以分解成许多一定形状的小构造的。这些小结构大多数的形状是三角形，从而使铁塔得以坚固稳定地矗立在那里。假如这些小的形状结构是正方形或者长方形的，只要不大的风一吹，整个巨大昂贵的输电线路铁塔就会弯折下来，甚至轰然坍塌（这可能造成非常严重的后果，不过，请不要哭）。

当用纸来做不同形状的纸型时，任何拥有直边的形状，都可以很容易地分成几个三角形。这个道理往往是非常有用的，在后面的内容中我们将会看到这一点。下面，让我们找出关于三角形的所有的有趣的要素。

三种不同类型的三角形

等边三角形

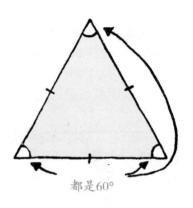

都是60°

所有三个边的长度都相等，所有的三个角也都相等。如果我们还关注数字的话，则可以说每个角都是60°，否则，就不必了。

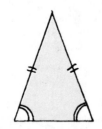

等腰三角形

有两条边长度相等，且此两边所对的角也相等。

不等边三角形

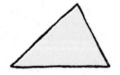

所有的三条边长度均不相等，所有的三个角也不相等。

还有一些有关三角形的其他性质要提到：

▶ 如果最大的角是直角，则此三角形为直角三角形。

▶ 如果最大的角大于直角，则此三角形为"钝"角三角形。

26

▶ 如果所有的角均小于直角，则此三角形为"锐"角三角形。

另外一些有趣的三角形

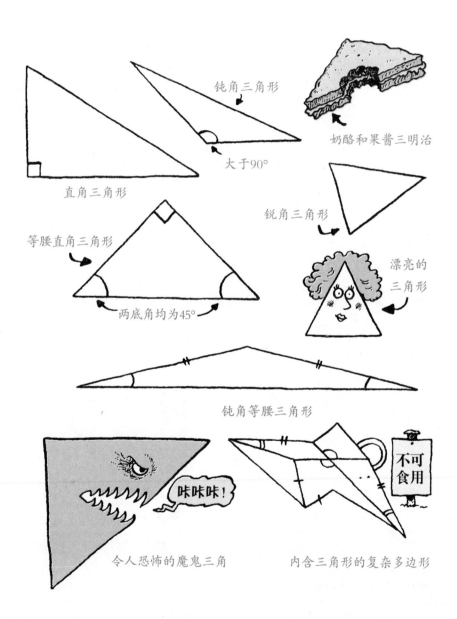

钝角三角形

大于90°

奶酪和果酱三明治

直角三角形

锐角三角形

等腰直角三角形

两底角均为45°

漂亮的三角形

钝角等腰三角形

令人恐怖的魔鬼三角　咔咔咔！

内含三角形的复杂多边形　不可食用

三角形的角

如果你用纸剪出一个三角形，并撕下它的三个角来，那么你总能用它们拼出一条直线。

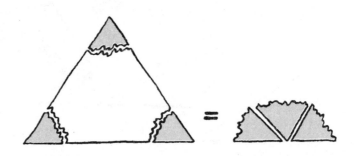

这是因为这三个角相加总是等于180°，或者说，等于2个直角。

这个小戏法还有另一种玩法。用纸剪出一个直角三角形来（用一张正方形纸把它的一个角剪下即可）。把这个直角三角形的两个较小的角撕下来，你将会发现，它们准确地拼在一起一定能够遮盖住直角。

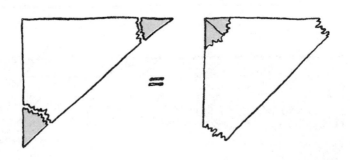

你是个三角形迷吗？

如果你想知道三角形实际上对你有多大意义，就请看看下面的话，它们是正确的还是错误的呢？

28

▶ 一个不等边三角形可以是直角三角形。

▶ 一个直角三角形不可能是锐角三角形。

▶ 你的漂亮的情人节卡片的正面有一个大三角形。

▶ 一个等腰三角形不可能有三个不同的角。

▶ 你生活在一个金字塔中。

▶ 等边三角形一定是锐角三角形。

▶ 某些直角三角形是等腰的。

▶ 你可以戴到头上的最轻便的东西就是报纸折出来的帽子。

▶ 三明治应该是沿面包片对角线切的——千万不要做成正方形。

▶ 你不可能在一张平面的纸上画出一个拥有不止一个直角的三角形来。

▶ 三角形不仅仅出现在数学当中，在生活中也无处不在。

现在来检查一下你的答案：

全错：显然三角形对你来说毫无美感或内涵可言。如此浪费你的大脑脑力可真是个惨事。

某些是对的：在你灵魂深处，有一小三角形之光在闪烁。你还是有点希望的。

大多数是对的：你是一个幸福快乐、心态平衡的人，甚至当你转过身去的时候别人在暗笑，你也不在乎。

所有全对：冲个冷水浴吧。这一章的内容对你来说太多了，你的脑子大概有毛病了。

从这个意义来看，有一个人也需要冲个冷水澡了，那就是匈牙利的作曲家李斯特，因为他喜爱他的音乐三角铁到了无以复加的地步。你可能以前也试过。那是用一根锃光瓦亮的金属棒，弯成等边三角形的形状，当你敲击它时，会发出"叮叮"的乐声。作为一种乐器，与诸如长号、大提琴相比它似乎有点显得过于低档一些了，但是，如果你站在一支庞大管弦乐队后面；在乐曲中某些得当之处，增加一点额外的"叮叮"之声，那么这音乐给你的感觉就会完全不同了。

1849年，李斯特写出了他的第一部钢琴协奏曲，在某一节中，要求钢琴停下来，以使每个人都能听到三角铁的独奏声。对于那些对三角铁情有独钟的迷恋者而言，这无疑是所有问世的乐曲当中最优美动人的一节。

这才叫音乐！

叮！

为什么挤牛奶人坐的凳子只有三条腿?

噢!哈,哈,非常有趣。这本应当是个严肃的问题。好,现在让我们来……

三角形有一个奇怪的特性,那就是你不能扭曲它们。这里有几个解释这一点的例子:

▶ 找到几支铅笔或其他什么又直又长的物体。

▶ 把4支铅笔的端头(用一些胶带或其他材料)固定在一起,构成一个诸如长方形的四边形。

▶ 拿住你的四边形的两个相对边并将其略微扭曲。很容易就办到了,是不是?如果你把它放在平坦的桌面上,一个角会立起伸向空中。

▶ 现在把你的铅笔固定成一个三角形。

▶ 你能把它扭曲吗?不行,你办不到的。三角形将会永远是一个"平平"的三角形。如果你把它放到桌子上,它的所有三个角都会躺到桌面上。

之所以会这样是有原因的。解释这个原因的权威的表述是这样的："两点决定一条直线"而"三点决定一个平面"，但是由于这个表述听起来有点令人不太明白，还是让我们快点到"经典数学"的武器库中去，自己亲身来体验一番吧。

你可以借来一把激光枪，它可以发射出一道又细又直的光束。假如你让光束瞄准的方向完全正确的话，用这束激光光束你可以一下子同时在两只苍蝇身上穿一个洞。即使是这两只苍蝇都在飞动，只要你把激光光束对准正确的方向，仍然可以一下子把它们俩都干掉的。

你没有任何其他选择，你只能朝一个唯一的方向发射激光光束，这个方向是由那两只苍蝇所处的位置所决定的。

用数学的语言表达这一切，那就是"两点决定一条直线"。（顺便提一下，你的这两个点在什么地方都没有关系—— 即使一个点是在你的冰箱下面，而另一点在金星上面，也永远可以用一条直线把它们连接起来。）

那两只苍蝇呼叫了增援力量，不由你不吓一跳，第三只小苍蝇真的出现了。

如果你真的走运的话，你可能发现这3只苍蝇都在一条直线上，但是这种情形却不经常出现。

然而，我们的武器库还可以给你提供一张非常长、非常宽并且非常薄的玻璃。哈！这回你逮住它们了！不管那3只苍蝇在哪儿，都没有关系，只要你把这块玻璃倾斜一个绝对正确的角度，从一个绝对正确的位置将激光发射出去，你就可以一下子把这3只苍蝇都切成两半。

在这个例子中，玻璃片是一个非常大而平坦的"平面"。如果你有3个点，永远都可以将它们置于同一平面之中，只要你把这一平面倾斜一个正确的角度。

现在，让我们回到挤奶人坐的小凳子上来。

如果你要把一张普通的四条腿的椅子放到地板上并想要它不摇动，你就必须找到四个在同一平面内的点来放它的4条腿。任何高级的地板应该是完全平坦的，故而找出在同一平面中的4个点还是很容易的，因为地板上的任意4个点都可以。但是，你当然毫不怀疑，牛棚里的地面可不总是那么平平坦坦的，它可能非常不平整。

在这里要想找到4个在同一平面里的点来放椅子是极其困难的，而且，往往总是有一条腿不能着地。整张椅子会摇晃不稳，那么，接下来会发生什么你一定不难想象，你可能会在挤牛奶时向后翻倒在那深棕色的黏黏糊糊的——不说你也知道——什么东西上面了。

噢，你真蠢。

然而，3条腿的挤奶凳只需要接触牛棚地面上的3个点。因为任何3个点永远处在同一平面上，那么不管牛棚地面怎么不平都没有关系，挤奶凳的三条腿接触的地面上的三个点，总是在同一平面上的。因此，你可以把挤奶凳放在牛棚地面上任何一处，都很安全，不会摇晃的。故而，没有摇晃，就不会摔跟斗，就没有臭不可闻的该洗的衣服，而且也不会有奶牛发出的痛苦的尖叫声。

三角形何时是完全一样的？

当人们要画出地图或测量旗杆的高度时或者仅仅是要在古怪的三角形的世界中徜徉，知道两个三角形什么时候完全一样是很方便的。在数学领域内我们说它们是全等的，这意思是说，它们是大小相等，形状相同，面积相等，有着共同的兴趣爱好，比如：去听歌剧或者加入同一家游泳俱乐部。

如果你要检测两个人是否全等，你可能要询问一百万个问题，并且即使是这一百万个问题的答案都完全相同，你依然可能会发现有某些细节不一样，比如说两人当中有一人不喜欢菠菜。

35

幸运的是，对于三角形来说，你只需核查3个细节，而如果这3个细节完全相同，那么你就可以知道所有其他的一切一定是完全相同的。

更加方便的是，对于所要核查的3个细节你可以有几种选择。

如果，这两个三角形的所有3条边的长度均相等。

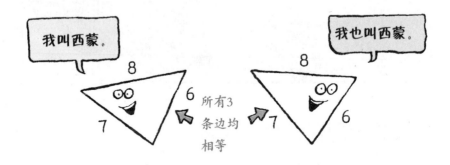

或者，你已知道两个三角形的一条边相等且这条边上的两个底角相等。

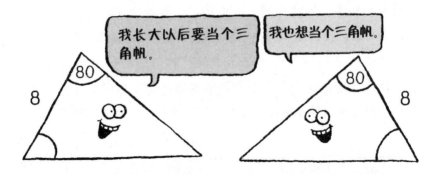

或者，你知道两条边相等，且两条边之间的角相等。（这个角叫夹角）

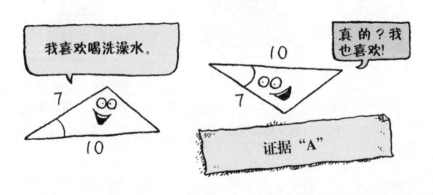

但是，注意，如果你知道两条边相等，但相等的角不是这两条边之间的夹角，则这两个三角形不一定是全等三角形。

这是很容易犯的错误，这一点即使是大侦探歇洛克·福尔摩斯也是花了代价才明白的。曾经有人给他送来一张描述偷窃裤子的三角便条，上面这样写道：

$$AB=16 \quad AC=11 \quad \angle ABC=30°$$

正如你所看到的，同样的描述，适用于两个完全不同的三角形，福尔摩斯抓错了对象。所以在将来，福尔摩斯务必要搞清哪个角是夹角。

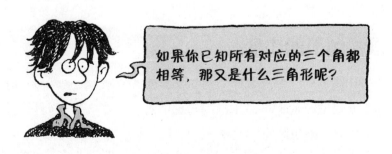

如果三角形的所有对应的三个角都相等，则这些三角形叫做相似三角形。某些情况下，它们也可能是全等的，但是一般情况更为可能是：

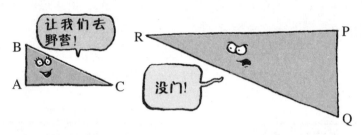

甚至你知道角A=角P，且角B=角Q，角C=角R，你一定注意到了其中一个三角形要比另外一个大许多。因此，它们不是全等的。事实上，它们的边长不相等，面积不相等，很可能其"生活方式"和"个人目标"也大相径庭。

了解在什么条件下三角形是全等三角形，在很多奇特的情况中都是非常有用的，在本书后面的章节中你会明白这一点。而对于相似三角形来说，它们也有许多特殊的用途——其中之一就在"经典数学"的《测来测去——长度、面积和体积》中介绍过。

求三角形的中心

让我们到"经典数学"测试实验室去瞧瞧吧，那里是纯粹的数学家们进行他们最高水准的讨论的地方。今天他们要讨论的是三角形的中心在何处。

你任意取一个三角形，都可以通过把它分成为两个直角三角形来求出它的面积。这里，我从A作BC的垂线。令人激动的是，如果我从C作AB的垂线，从B作AC的垂线，它们都相交于一点，而这就是三角形的中心！

不！如果你将所有三个角都平分，你也会发现，这三条角平分线都相交于一点，并且，如果你画一个圆，那么这个圆正好可以装在这个三角形里面，这一点才是这个三角形的中心。

不对，如果，你作三角形每条边的垂直平分线，它们都会相交于一点，哪怕是这一点在这个三角形之外！如果你画一个圆，它与三角形的三个角均相接，这一点才是这个三角形的中心所在。

　　看在上帝的分上，别吵了！让他们平静下来的唯一办法是找一个等边三角形，让他们每人都能露一手，用各自的办法演示一遍。当他们都按各自办法做了一遍后，得出这样的结果：

　　现在，他们都同意这同一个中心了，没准他们在别的什么问题上也都能给我们帮把手……

什么情况下三角形拥有相同的面积

　　如果三角形的底和高都相等，则它们的面积相等。

　　例如，此处印刷的三角形都占据同样大小的纸……

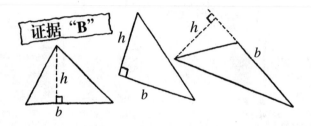

你所需要注意核对的是，不管你选择哪条边作该三角形的底边，一定要以直角去测量它的高。你们大家都注意到了，对于钝角三角形而言，其高的测量实际上在三角形之外。

当然，有自尊心的"经典数学"读者，不仅仅满足于让别人告诉他怎么回事，他们都愿意自己亲自去验证。然而，你如果认为这个看上去有点难，那么也不必犯愁！它还是挺有趣的，我们现在就来做一次拼板玩具的游戏。

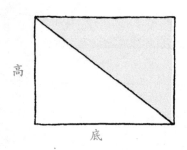

看这个长方形的图案。它的一条对角线将其分割成两个完全一样的三角形（或说全等三角形），无须思考，一眼就能看出，每个三角形都恰恰是长方形的一半大小。

长方形的面积是它的底乘以高。

长方形的面积=bh。

三角形的面积=½bh。

三角形的面积是底乘高的一半。

42

是的，如果你读过《测来测去——长度、面积和体积》，你会知道这些公式的，但是我们要在这本书中避免乘法啦、除法啦诸如此类的东西。因此，不用作算术，也不用计算器，我们要用剪刀和纸来证明这一切。好哇！

这儿有一个好办法。假设你使三角形的顶点在下图中的顶边上任意移动：

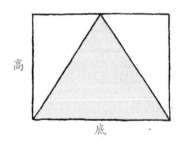

得到的所有新三角形依然占有长方形的一半面积！让我们来证明它。

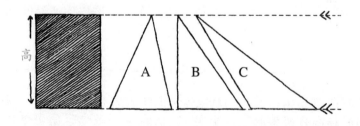

按照此图制作出两个大的图样（如果你有方格纸的话，这是很容易办到的）。你所要做的是画两条长长的平行线，然后标出三个三角形和一个长方形来。务必使它们底边的长度都完全相等。三角形A和三角形B的顶点，可以在它们的底边上方另一条平行线上的任何地方，而三角形C的顶点则应在偏离开底上方的某处，就像我们这里，瑞弗先生所做的这样。

我们所要阐明的是，每个三角形都拥有画有阴影的长方形的面积的一半面积。

因此，所有这三个三角形都有相等的面积！

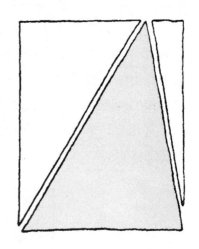

▶ 剪下你的两个三角形"A"。我们的想法是将这两个三角形拼到一起，使其准确无误地刚好盖住长方形。这个图会告诉你如何去做……

▶ 正如你所看到的，你需要将其中一个三角形中间偏上之处剪下一条来拼接，然后才能够获得正确的形状。由于必须用两个三角形方能正好完全地遮盖住整个长方形，因此，一个三角形的面积恰好是长方形面积的一半。

▶ 如果你用你的两个三角形"B"来试试的话，也可达到同样的效果。

▶ 现在，看看你是否能用你那两个三角形C也能正好盖住这个长方形！你会发现，你需要多剪几次，但最终你还是能够达到目的。

相同面积的三角形可以用不同的方式，不知不觉出现在你面前。如果你有两条如同一架梯子那样的平行线，这种情况会发生……

在这个例子中，它们的底的长度完全一样，并且高的长度也完全一样，因此，它们都具有相同的面积。

这里是纯粹数学家们的实验室中的窗户。窗户被分成4个相等的格，但是，都能透过它们看到蜘蛛网：

那个细长的蜘蛛网仅仅占有一半的底，但它却有另一个蜘蛛网两倍的高。结果是，这两个蜘蛛网拥有同样大的面积！

切蛋糕的危机

你可能会觉得我们对这"相等的三角形面积"唠叨得够多的了，但是有时候，它可能是关系生死存亡的问题……

那歌声调也不准，情也不真，唱得令人听起来很不舒服。侍者本尼看到围绕中央餐台而坐的那个人石头一样冰冷的面孔一齐瞪着他时，一下子闭上了嘴，默不作声。

几分钟之前，他在厨房里帮助他的老板在制作伊利诺伊州里从来就没见过那么大的一个蛋糕。送蛋糕的推车是用一个陈旧的轨道车改造成的，车上的金属轮子已经把地板压出沟槽来了。

"给那家伙唱歌，"他的老板，卢齐，对本尼说，"今天是那个大块头的生日，还有，他们是我们最好的顾客。"

"那是因为，他们是我们唯一的客人，"本尼回答道，"他们把其他客人都吓跑了。"

"他们也能把我给吓跑了。"卢齐承认，"问题是，这是我的地方呀。我没地方可跑呀。小子，加百利家族和博塞里家族要到这儿来碰头，我简直恨透了。说是在这儿开生日派对，但整个晚上他们就坐在那里相互死瞪着对方。如果我们不把气氛搞轻松一下，那么一会儿就会铅弹横飞的。唱吧，本尼，唱吧，啊！"

于是，当本尼把蛋糕车推进餐厅时就开始唱起来。

"喂，布雷德，"那大块头怒容满面道，"他是不是叫我肥佬？"

"是呀，"布雷德答道，"显而易见，他没有认识到我的小兄弟不喜欢这个名字。"

"小兄弟！"桌子对面加百利四兄弟狂笑道。

"我可不是有意冒犯您。"本尼结结巴巴地说。

"你当然不会啦，"笑面虎加百利冷冷地说，"但是，每个人都叫波基'肥佬'，是不是呀，'大肥猪'？"

"完全正确，大肥猪。"威赛尔龇牙咧嘴地应道。

"这可不对，"波基说，"吉米，你告诉他们！"

　　"你们这可不对了，"一根手指的吉米说，"不管怎么说，人家正要给这儿的每个人分蛋糕的呀！"

　　"我还要给他们分蛋糕？"波基气呼呼地说，"但不会比一块小松糕大多少！"

　　"松糕？"查尔索说，"上一次，我也看到那么大一块蛋糕。突然，蛋糕一下子从上面炸开来，3个警察还有一条狗从里面跳出来。那是我一生中见到的最隐秘狡猾的一次埋伏。"

　　"噢，是吗？"威赛尔窃笑道，"遗憾的是，'大肥猪'不是头一个走到那蛋糕前面，他本应该在那警察与狗出来之前把它吃掉的。"

　　"这家伙，还可以吧！"波基吼道，突然之间从他的衣袖中拔出一把大刀子来。

　　一眨眼，加百利四兄弟消失不见了，尽管他们可能会嘲笑大块头的波基，但他们对他使用任何一种吃东西的餐具的娴熟本领还是敬畏有加的。有一天，你会听到他只用一只茶匙和一块餐巾就把东部的全副武装的佛乃提帮伙给搞定的故事，不过，还是让我们言归正传，回到卢齐餐馆的那一幕来吧。

　　"他们到哪儿去啦？"波基问，四下望着。

　　一根手指的吉米弯下腰来向桌子底下瞧去。

"哦！好景致！"他讥笑道，"4条汉子正在和桌子腿拥抱呢！"

"快点滚出来，"波基说，"我就要切蛋糕了，我们7个人，每人一份，每份公公道道地大小都一样。"

加百利四兄弟像羊一样一个个钻了出来。

"这可能是一计!"有人小声嘟哝道。

"没什么计谋，"波基说，"我来公平地先做好记号，你们瞧着吧。"

大块头仔细地在蛋糕表面的糖霜上画出一条条线，把蛋糕分成7个相等的长条。

所有的角都是相等的

"行了！"他不无骄傲地说，"不可能比这再公平了。"

49

上面部分

侧面部分

"是吗？"笑面虎加百利讥讽道，"那么谁会得到两头的那两条两边都带糖霜的呢？"

"对呀，波基，"查尔索说，"谁又吃那中间的几乎没什么糖霜的呢？"

卢齐一直担心的就是这种局面。只须有一点点争吵，他的家具转眼之间就会都变成了锯末子。要

是他把蛋糕做成圆的，那么把它分成七份，每份上都带有一样多的糖霜，那就容易得多了！所要做的也不过就是找出蛋糕上层的中心，然后画出七份有七个相等的角就行了……

卢齐恨不得踢自己。是什么鬼使神差的让他把蛋糕做成方形

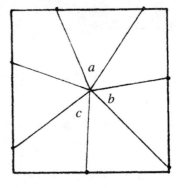

每个部分的侧边都一样长

的？要把这方蛋糕分成7份，每份大小一样，并且带有完全相等量的糖霜，看来似乎是不可能的……但是卢齐还是幸运的，"经典数学"拥有解决这个问题的答案！

一块蛋糕有两面带糖霜。一是顶面上的部分，一是侧面的部分。让我们假定你能够正确测出蛋糕4条边的长度并且沿着蛋糕的边将整个边长分成7等份……

然后，假定你从蛋糕的中心点向蛋糕边上做的标记点切去。那么在侧边上的糖霜都会是长度相等，因此每个边上的糖霜就都是一样多了。

最妙之处就是，每块蛋糕顶层上的糖霜也是完全相等的！这

是因为三角形的面积是相等的，让我们来看看标有a和b的两块蛋糕，每块蛋糕的"高"都是蛋糕的边到中心的距离。只要蛋糕是正方形的，无论你从哪条边量起都没有关系，这就意味着这两个三角形具有同等的高。此外，我们已经将每块蛋糕测量得使它们的底都完全相等。如果说这些三角形具有相等的高和相等的底，也就意味着它们下面的每块蛋糕顶层上都拥有同样量的糖霜，而下面的蛋糕本身的大小也完全相等。那么蛋糕a和蛋糕b是完全相等的！

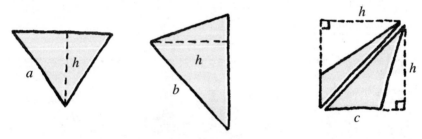

现在，来看看蛋糕块c，想象将其分成两个更小的三角形的块。这两个三角形都有与a相等的高，所以你可以通过把这两个三角形的底相加来求出这两个三角形的总面积。

当你将其相加时，你会得到与a相等的底边。因此，三角形c分成的两小块相加等于三角形a的面积，故，三角形c与其他的三角形的大小完全相等！

其他所有蛋糕切成的块也完全是同样的大小，并带有相同量的糖霜！

"啊，"卢齐说道，"幸亏这点数学知识，把咱们从生死存亡的关头救了出来。现在，咱们可以松口气了。"

就在这时候，门开了。随着一阵香风，飘进来一位怀里抱着一只形状有趣的硬纸板盒的女士。

"多莉！"屋里人都一跃而起，齐声高呼。

"放松，别那么紧张，伙计们，"多莉拉长了声说道，"我到这儿来，是祝福我可爱的朋友幸福快乐的。"

她的皮鞋咯咯有声地走过地板，径直向波基而来，把她手中的盒子向他递去。

"谢——谢谢你。"波基结结巴巴地说道，脸一下子变得绯红。

"我送你这礼物可不是为了换一支这种颜色的唇膏呀，"多莉用她那长长的指甲，轻轻拍打着他的面颊低声说道，"怎么，我的大男孩，难道你不准备打开盒子看看礼物吗？"

当波基哆哆嗦嗦地解盒子上的丝带时，每个人都在目不转睛地注视着。盒子打开了，里面是……

当他们大家看到里面是一块黑糊糊的东西时，不由都张大了嘴巴。"是什么呀？"查尔索轻声发问。

"这是我特别为你烤的。"多莉骄傲地说。

"你？烤点心？下厨房？"布雷德爆发出一阵大笑。多莉横了他一眼，那目光冷得简直能够把北极熊的脚指头都冻掉了，他的笑声立即噎了回去。

"为什么不能呢？"她厉声说道，"我想，如果像卢齐那样的笨蛋都能够下厨做吃的，那么，任何人都能够做的。此外，我的老母亲留给我的唯一东西就是那能做饭的发热机器，你们把它叫什么来着？"

"一台烤箱。"他们异口同声地说。

"咳，不管它叫什么吧，我想总是该给它派个用场了。你认为如何，啊？大男孩？"

"就这个……像是个三角形的什么东西。"波基说。

"我没有烤制蛋糕用的盘子，所以我从打台球的那儿借来一个三角框——你们知道，就是用来在开局前把台球摆好位置的那个。"

"我以前从来没见过这样形状的蛋糕。"

"你从来也没尝过这样的蛋糕的。"多莉说，"那是按我自己的配方，我发明的，特地为你烤制的，让你那些个一脸馋相的伙计们都过来吧，朋友。"

此刻，蛋糕的味道甚至盖过了多莉的香水味，所有人都倒退着回到柜台那儿，并且都屏住呼吸。

"快点呀，波基，"威赛尔大笑道，"还不赶紧咬上一大口。"

"好好咀嚼咀嚼，品品味道。"一根手指的吉米哈哈大笑。

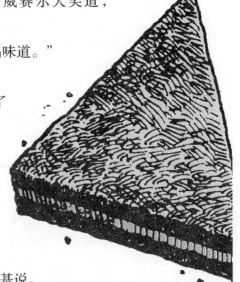

"吃完了之后，别忘了舔干净盘子。"查尔索又加上一句。

他们都是假笑不止，即便波基再次拿出了他的刀子，也都没能让他们停下来。

"我不能那样做！"波基说。

"不能那样做什么？"多莉发怒道。

"我自己把它全吃掉？不行，我得和我这儿的哥儿们共同分享这么美味的蛋糕，如果你同意的话。"

房间里立刻死一般沉静。

"为什么不呢？那真是善意的表示，"多莉说，"上前来呀，小伙子们，大家都尝一块！"

"不，真的，我们可不能剥夺你……"布雷德说。

"噢，我一定要和你们分享，"波基说，"此外，你们大家都愿意有个机会告诉多莉，你们有多么欣赏她的厨艺，是不是呀？"其他6个人磨磨蹭蹭地向前面走来。

"我可不愿意多吃多占。"笑面虎加百利说。

"我也是。"布雷德说，"你最好把蛋糕公平地分开来为好！"

"噢，不！"卢齐嘟哝着说，他正从厨房的门廊向这边窥探着，"可别再来一场危机！"

这一次，卢奇还算走运。这块蛋糕的形状是等边三角形的。所有3条边长度都相等，因此，3条边距中心的距离也完全相等，就像正方形的情况一样。这一点很重要，因为波基可以使用他前次用过的同样方法来分蛋糕。他所要做的不过就是测量蛋糕的边长，把它分成7等份，然后从中心处切割出7块来就行了。

当你求出每一块的大小后，就
能得到许多同样底和同样高的三角
形。就像前次分方形蛋糕时所得
出的结果一样。

有趣的是，这种方法可
以适用于任何规则多边形
（你将在下一章中看到
所有有关多边形的情
况），情况也是相同……因为……

每一块的边
的长度都是
相等的

呦!

好吃极了!

味道真
是不错，
多莉。

你们喜欢我的蛋糕，我
真高兴，小伙子们!

现在，谁来
分这块布丁?

55

你亲眼瞧瞧

当然，"可怕的数学"之"经典数学"丛书的书迷们决不会被动地相信他们在书中读到的东西，他们总是乐意从书中"走"出来，自己亲眼去瞧瞧那些真实的情况。这就是为什么你要下到厨房里去把面粉啦、鸡蛋啦、水、奶油、黄油等，以及你在罐子底上找到的一些绿色食品馅料一起用上。把人造黄油和牛奶搅拌好，自己亲自体验一下如何制作蛋糕。先把和好的面，放入微波炉中烘烤一定时间，然后将其取出来，就是一块美味的、松软的方蛋糕了。蛋糕当然还是素色的（实际上它是素黑色的——可能都是微波惹的祸），所以你到橱柜中去找点什么东西来给它涂上一层。而你能找到的就是一大罐鱼糊，所以你撬开罐子盖，而突然之间……"哈，哈!"一个声音传出来。

"没料到我在这吧，是不是？"你的头号敌人芬迪施教授从罐中跳将出来，并且好像是得胜似的得意扬扬地哈哈狂笑。"我知道，早晚你会落入我的圈套中来的。"

"你到底藏在那里有多久了？"当你惊奇地盯着他问时，他的全身上下油光光的全是鱼油，并且不停地从他的衬衫里面向外淌着粉红色的黏糊糊的东西。

"我没有藏在那儿，"他粗暴地答道，"好啦，我和一条金枪鱼进行一场谁是食物链中较高一级的不幸的争论，但是这个问题现在已

经不重要了。事实是，我现在出来了，并且如果你不能解决我的难极
了的蛋糕的挑战问题，那么你将要取代我的位置，到这罐中去。"

你试着极力使自己看上去对他身上的刺鼻的味道毫不在意。
但是他的确太难闻了。而通常情况下，一点鱼糊闻起来，还挺叫
人开胃的，但是被人头朝下塞到一个装着鱼糊的大罐子里，可不
是什么吸引人的事，特别是他已经待在那里面好几个星期，没洗
过一次澡。甚至还曾在那里面方便过。

"你必须把这方形蛋糕分成绝对相等的8块。"他说。

"就这？"你回答道，"这可算不上什么难极了的问题。"

"哈，哈，"他大声说，"最难之处就在于只允许你用刀直
着切3次。"

"那也不难。"你说道，你迅速地把蛋糕切成4块，然后把
它们一块一块地摞起来。再来一刀，从上到下，一下切过所有这4
块，一共就切出了8小块了……

"不！"他嚷叫道，"你得
在不能移动蛋糕的情况下只切3
刀，切出8小块来。这就是很难
很难的了！"

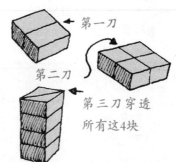

快点！在那恶臭的鱼糊气味把你呛晕之前，你能否解决教授的挑战难题呢？

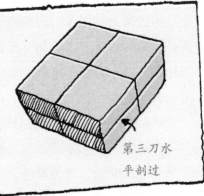

答案

用你的第一刀、第二刀把蛋糕切成 4 个小块，第三刀是水平剖过蛋糕，将其切成上、下两层。这样就切出完全相等的 8 小块了。

第三刀水平剖过

三角形的三个内角相加一定是180°吗？

好好想想这个古老的"脑筋转弯"：

▶ 一个猎人决定去猎熊，他从他的营地出发向南走了1千米，在那里他看到一头熊，他一边傻笑着一边给枪里装上子弹。

▶ 那头熊抓住了他的枪，把枪咬成两段，并朝他扑了过去。

▶ 猎人向东跑去，跑了1千米，逃跑速度之快足以打破世界纪录。

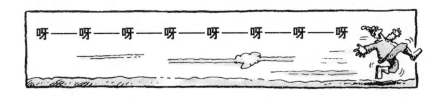

▶ 然后他向北走了1千米，就回到了他的营地，在营地里换上一身干净内衣。

▶ 那么，那头熊是什么颜色的？

这个故事是不是有点"冷"？

这个谜中有两个奇怪之处。有一个很明显是：你怎么可能知道熊是什么颜色的呢？另一个奇怪之处则是：这个探险者怎么这样向东一拐，向北一拐就回到了家里呢？如果他向南走了1千米，又向东走1千米，然后又向北走1千米，你会认为他离他的营地应该还有1千米之遥呀。

59

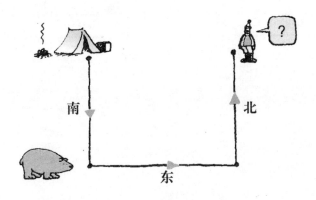

　　事实上，在地球上还真有那么一个地方，使你这样向南、向东、向北各走1千米又回到了原地。

　　假设探险者的基地是在北极极点上。首先他向南行走1千米，但当他向东跑1千米时，这实际上是使他沿着北极上的一小段弧线（或半径1千米的弧线）在跑。最后，他仅需要向北走1千米就能把他再带回到北极极点之处。

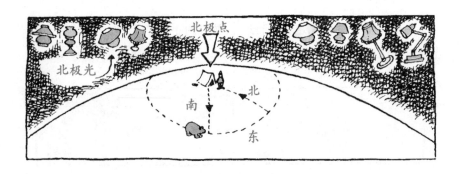

　　因此，那头熊必然是北极熊——因此它一定是白色的！

　　有趣之处在于，他是沿3条直线行走的。3条直线是连接在一起的，构成一个三角形，但三个角都是90°，加在一起一共是270°，这比通常我们知道的三角形的三个角的和是180°要多许多，惊人的是，如果你在曲面上画三角形而不是在平整的纸上画三角形，那么三角形的内角相加得出的和可为180°至540°之间的任何一个数目。

　　了解曲面上三角形的所有特性难道不是很有趣吗？肯定是很有趣的，但不幸的是关于三角形的这一章本应该早在10页之前就结束了的，所以我们得离开了。的确有些遗憾，不是吗？

多边形

任何带有直边的形状叫做多边形。

好伤心，这本书落入了抬杠专家手里了！那么好吧，让我重新再来过：

任何带有直边的图形，除了只有一条边的都叫做多边形。

这回你犯傻了吧。你怎么会得到只有两条直边的图形呢。

61

对的，那样的形状也成。我们要用多边形进行演示，我们将从不同的六边形开始。"hex"的意思是指一个图形必须有六条直边，而如果是规则的六边形，那就是说所有的边和所有的内角都是相等的。另外的3个六边形是不规则六边形。你可能注意到，这些六边形在中央也有凸起。但从数学意义上来说，这并不是必要的。

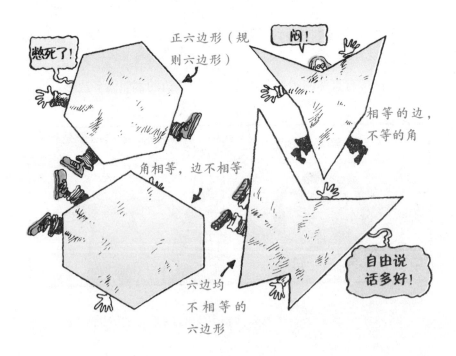

你总可以通过一个多边形的名称的前缀部分看出它有几条边。（前缀源于希腊文或拉丁文的不同的数字）

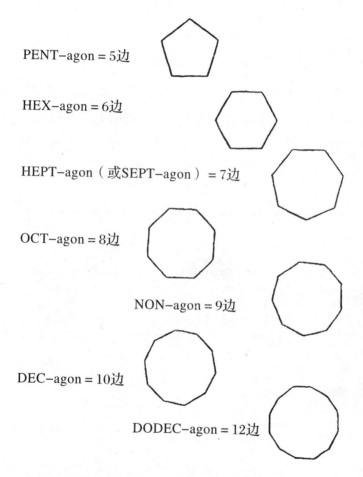

PENT–agon = 5边

HEX–agon = 6边

HEPT–agon（或SEPT–agon）= 7边

OCT–agon = 8边

NON–agon = 9边

DEC–agon = 10边

DODEC–agon = 12边

这些可以是规则的也可以是不规则的多边形。当然还有：

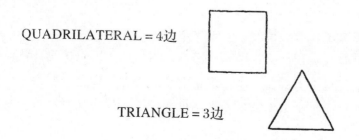

QUADRILATERAL = 4边

TRIANGLE = 3边

这里，不同的名字有点复杂，但是我们现在需要记住的是，规则的四边形即是大家更为熟悉的正方形，而规则的三角形即是等边三角形。

将多边形分割成多个三角形

阳光照射到寂静的竞技场上。观众怀着敬畏的心情目不转睛地凝视着场内沙地上躺着的两个完全一样的七边形的东西。两个角斗士从场子两端进来了。手持大斧子的俄甘姆走近一个七边形，手持剑的格里赛尔达走近另一个七边形。

他们小心翼翼地相互对视着。他们举起各自的武器。竞赛一番？看谁能把他们的多边形切割成边数最少的三角形。在皇家的包厢里，拉普拉斯公主举起了镀金的三角板。每个人都急切地等着她发出开始的信号。公主用她的橡皮棒重重打击了一下三角板，没有人听到什么，她再次敲击，用力更大，仍然没有任何反应，她用尽全力狠命一击。但事实是，当你用橡胶棒敲击三角板时，它发出的声音不可能在一个坐满了人的巨大体育场里传给角斗士。

"噢！以神的名义！"她喊道，"你们快开始吧！"于是那两个斗士开始了竞技。

除了为发出开始的信号所做的安排不太好之外，其他一切公主都干得很聪明。俄甘姆在发现格里赛尔达的猫一直在使用他的窗台花池便溺之后，就威胁要进行一场无保留的决斗。格里赛尔达根本不承认有那么一回事。但是对于野蛮人来说，问题在于他们从不知道什么叫让步。如果公主不提出这个竞技，"遗忘沙漠"的沙子很快就会沾满鲜血。像过去那样，竞技场上的胜利者就会获得对手的头作奖品，但是公主希望这种情况不要发生。

要把多边形切割成边数最少的三角形，总是要从角顶点到角顶点来切割。在这里你可以看到俄甘姆和格里赛尔达是如何切割他们的多边形的，尽管他们的方法不同，他们还是切割出了同样数目的三角形，边数也一样，而且最少。公主安排的这场竞赛的输家是那些在竞技场上空盘旋的秃鹰。

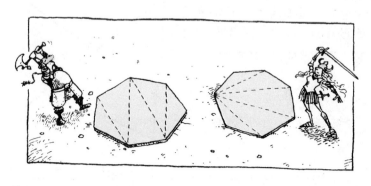

你可以把任何一个多边形分割成许多三角形，但最小的数量永远是比被切割的多边形的边数少2个。因此，对于一个七边形来说，你永远只能最少切割出5个三角形来。九边形永远只能最少切割出7个三角形。以此类推。

这对于求出一个多边形所有的内角之和非常方便。由于每个三角形的内角和为180°，你用180°乘以三角形的数目即可。情况如下：

多边形边数	最少三角形数	多边形内角之和
4	2	180×2 =360°
5	3	180×3 =540°
6	4	180×4 =720°
7	5	180×5 =900°

> 胡说八道！我可以证明这个规律是行不通的。

噢！不！这是一个多么绝妙简单的概念，肯定芬迪施教授不能令其毁于一旦的吧？

> 哈哈！它有6条边，但我却把它分割成了2个三角形！

好不伤心，他是对的，即使他仍然发出一股鱼腥味。问题症结在于切出的每一个图形都有4个角，而且其中有一个角的角度是180°。

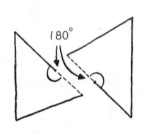

这是令人迷惑的情况，所以我们用一额外的法则来避免这种情况发生：你不能沿着任何一条边在直线方向进行切割。

现在，让我们来看看我们得到什么……这回就好多了！现在你可以切割任何直边的图形了，尽管被警告某些图形比另外一些图形看上去"面目"更凶狠……

如何画规则多边形

你可以画出一个有任意条边的规则多边形，但是有的画起来比其他一些更容易些。有很多不同的方法来画规则多边形，但是有一个很好的方法，是先画一个圆，然后将你的多边形置于圆内，在圆心处用一个小十字作标记，然后决定你愿意画哪种多边形。

简便易懂的路标：

 小猫咪

 当心危险

 小心接近

 准备好你
的绷带

六边形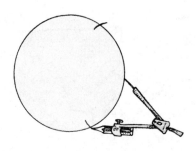

这是最容易画的多边形：

1. 首先画一个圆，然后，保持你的圆规张开一定的距离不变，用圆规的尖脚，在圆上刺一个点。画两小段弧线与圆相交。

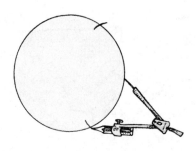

2. 将圆规的尖脚刺在与圆相交的二弧线中之一的交点上，再画另一小段弧线与圆相交。然后把你的圆规移动到新的弧与圆交点处，再画弧，如此继续，直到你在圆上画出6条小弧线。

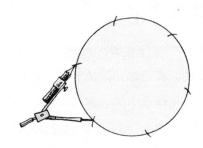

3. 将这6条小弧线与圆的交点依次顺序连接。

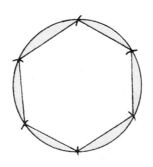

三角形（等边三角形）

按照画六边形完全相同的步骤，画出六条小弧线，但最后将每隔一个弧线与圆的交点连接起来即可。因为这对于"经典数学"的读者来说简直太容易了，要使这一过程更有趣味性，你应该蒙住双眼来画这个三角形。准备好布，万一你被圆规尖刺破手指时好用来拭去流出的血。

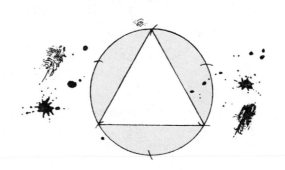

正方形 ⚠️

画一个正方形有两种方法，它取决于你是选定正方形的对角线的长度，还是选定正方形的边的长度。两种方法都是这样开始：

1. 先画出一个圆，然后过圆心作一条直径。

2. 令你的圆规稍微开大一些，然后将其尖脚刺在直径与圆相

69

交的一端，画一条弧线与该直径相交。保持你的圆规张开完全相同的距离，并将尖脚刺在直径与圆相交的另一交点处并画另外一条弧线。

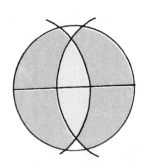

3. 过两弧交点处作一直线，使之与圆相交。

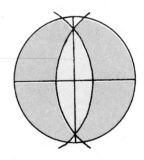

4. 如果你想以圆的直径作为欲画的正方形的对角线，那么，就把直线与圆相交的4个交点连接起来即可。

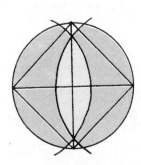

5. 如果你希望以圆的半径作为要画的正方形的边，则重新将你的圆规开口调整为圆的半径的大小，并观察下图。

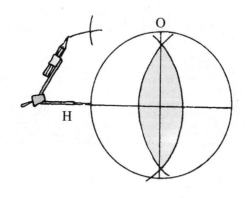

6. 将你的圆规尖脚刺在H点处，在大致欲画出的正方形的第四个角处画弧。令你的圆规张开同样的距离，并将其尖脚刺在O点处，同样画弧。

7. 分别将H点和O点与两弧相交之处相连，你就得出了要画的正方形。然后，如果你希望不要露出作图的痕迹，可用橡皮擦去其余的大圆，就没有人会知道你是怎么画出这个正方形的了。

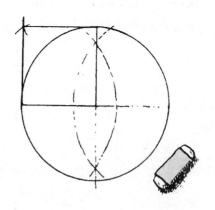

8. 举行一个有娱乐界人士参加的聚会来庆祝你的新正方形。你会为有那么多娱乐界人士露面而高兴的，他们滔滔不绝地谈论

这正方形不可思议，以及他们如何一直就是你的崇拜者。事实上是：只要同意和他们拍照，你让他们干什么都行。

其他规则多边形 ⚠

　　这是本书中唯一你可能需要做点算术运算的地方，因为你需要除某些简单的数字来找出你所需要的角度（你可能会很感兴趣：最注重细节的古代希腊人拒绝做任何诸如测量角度或将一角度分开来那种他们认为是愚蠢之事，其结果是，有许多种多边形他们画不出来）。然而，很久以前，我们的确曾承诺这本书应该是一个无算术的"真空地带"，因此我们把所有答案都给你印出来了。不要谢我们，这是我们的部分工作而已。

　　让我们先来看看画好的七边形，再看看它是怎么画出来的！

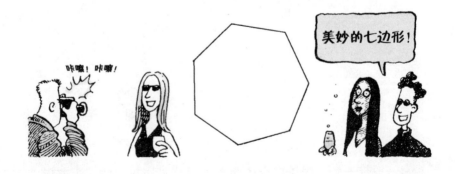

　　正如你可以看到的，七边形的7个顶点均与圆相接，因此，

开始时你就需要画一个与你想作出图形一样大小的圆来。用一个小十字来标注圆心，然后画出一个半径（即从圆心到圆上的一段线段）。

　　如果你观察画好的图，你会看到一个七边形需要有从圆心发出的七条线。这是我们下一步要做的，而且这里也就是我们要进行除法演算的地方，我们需要使这些线段之间的夹角都相等，由于一个圆周角有360°，我们需要将其分成七等份。算术演算是，360°÷7≈51° 实际上是51.428571°，但是除非你有一把激光外科手术刀和与澳大利亚那么大的一张纸，否则你是不可能画出那样的图来的，如果你能够画出大约51°的角来，那就很不错了。

　　所以拿起你的量角器，量出51°的角来，然后画另一个半径作为边。然后再画另外一个，以此类推……

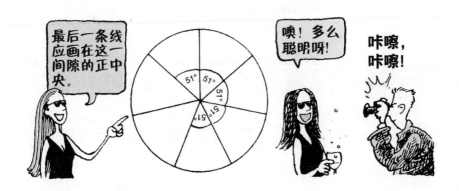

提示：当你作最后一条线时，不用测量角度。只需把这条线准确地置于间隙的正中间即可——因此，如果你作出的角不是绝对准确，这种办法有助于将误差平均开来。

最后，将这些线条（半径）与圆相交之7个点都依次顺序连接起来，就成了你的七边形了！

在两条半径之间的角叫做"圆心角"，并且，正如我们所看到的，七边形的圆心角大约为51°，为省去你作除法的麻烦，下面列出不同多边形的圆心角的大小：

形状	圆心角
三角形	120°
正方形	90°
五边形	72°
六边形	60°
七边形	约51°
八边形	45°
九边形	40°
十边形	36°
360边形	1°
百万边形	0.36°
10^{100}边形	0.0000000000000000000000000000000000000000000000000000000000000000000000000000000000000000000000000000 36°

注：10^{100}边形应归入极度危险 ⚠ 之列，因为在你画完这个多边形之前太阳将会膨胀为红红的巨大火球（红巨星），并将地球在核地狱中彻底毁掉。

正多边形的一些情况

如果你已经画好了七边形，你可能会对规则多边形的一些特点多一些了解和认识。

▶ 你永远可以画出一个圆与正多边形的所有角的顶点都相接。

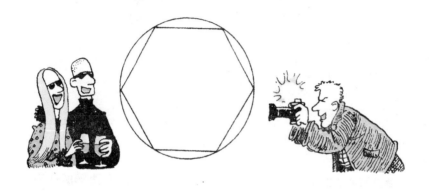

▶ 你永远可以画出一个圆与正多边形所有的边的中央相切。

▶ 它们拥有与边数一样多的对称轴。这就是说，你可沿任何一条轴线将其折叠下去，而折出的两半会完全吻合重叠。

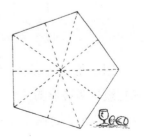

▶ 它们拥有与边数相同的旋转对称点（"旋转对称"意思是说你可以旋转它们，并且旋转后得到的图形与旋转前是重合的）。

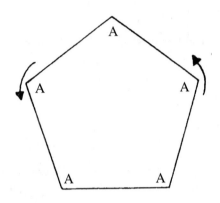

▶ 所有的圆心角都相等（例如，我们已求出七边形的所有的圆心角都是51.428571°。如果它们不相等，则该多边形不是规则多边形）。

▶ 外角等于圆心角。这一点涉及到几何学的原始法则，但是它非常简洁明了。看下面插图：

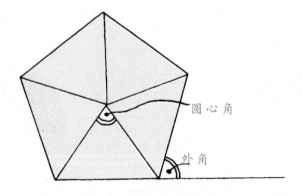

圆心角即是位于中央的那个角，且如果将一条边延长一些，则延长线与多边形的另一条边之间的夹角即是外角（见上图）。对于规则多边形，这两个角是永远相等的。

这是非常之酷的，因为我们能够证明这永远是正确的！我们仅仅需要记住我们已经学过的3件事：

1. 一个三角形的所有3个内角的和是180°。

2. 等腰三角形有两条相等的边和两个相等的内角。

3. 全等三角形对应角相等，对应边相等。

如果你画一个圆包围正多边形。那就很容易看清楚……

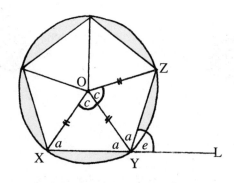

首先，让我们来看看三角形XOY。由于OX边和OY边均为圆的半径，它们必然是等长的。因此三角形OXY为等腰三角形，也就是说，角 a 是相等的。

三角形YOZ的形状和大小与三角形XOY完全相同（换句话说，它们是全等三角形），因为它们的边都是等长的，且圆心角 c 和圆心角 c 必然是相等的。这就意味着在这两个三角形中所有标有"a"的角均相等。

最后，我们已知三角形的内角和为180°，所以在三角形XOY中，我们可以看出：a+a+c = 180°，我们还知道直线上的角必定是180°，因此在延长线XL上：

a+a+e = 180°；如果a+a+c = 180°，且a+a+e = 180°，则c必然与e相等。

因此，圆心角与多边形的外角相等，并且这种情况对于任何一个规则多边形（正多边形）均是如此，即使是它有329条边。

证明这个规律似乎是个艰巨的工作，所以在这里，我们不妨找点有关正多边形的有趣之事来做做：

▶ 你可以用正多边形画出漂亮的星星状图形来。只需把每条边线延长，令其相交，如同下图：

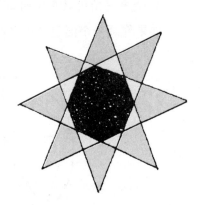

如果你想要你画的星星的光芒更尖更长。那么这里有一个办法……

1. 先按照前面我们所做过的画七边形同样的方法，画出一个多边形的各个角的顶点。在半径与多边形角顶点相交之处画上小十字，但不要把这些小十字连接起来。

2. 在第一个圆外画一个更大的圆，将平分圆心角的小圆的半径延长，使其能与大圆相交，下图可告诉你如何去做，在它们相交处画上小十字记号。

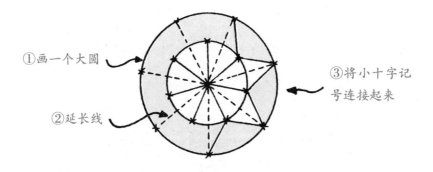

①画一个大圆

②延长线

③将小十字记号连接起来

3. 将小十字记号连接起来构成一个星状图形!

然后你可以擦去所有其他作图痕迹，只留下一个漂亮的星星。你画的第二个大圆越大，则你的星星的光芒就越尖越长。

一般说来，多边形都是很有意思的，但是多边形也有一点是很讨厌的。打起精神来，麻烦事马上就来了：

一个消失的鹦鹉可用一个数学词汇来描述，它是什么？

多边形!

这难道不讨厌吗？可别说我们没有警告过你。

图形的强行堆砌

人们几乎总是把房子和公寓建造成带有直角的形状，因为这样它们建在一起时才显得规矩整齐好看，当然，你也可以把整条街都建设成满是正七边形的房子，但那看上去会有点奇怪。一个七边形公寓的街区看上去会更为奇怪!

你可以看得出这将会带来各种各样的问题，最大的一个问题就是各个公寓之间的空间的浪费。这就是为什么我们在建筑房屋时总是采取方的或长方的形状之故。

处处采用直角的建筑方式还带给我们额外的好处，使我们得以拥有水平的地面和垂直的墙壁。当然，这也有不好的地方：我们在浪费空间。使用同样多的建筑材料，我们可以建造出更大的公寓街区，只要没有人介意住在……

……六边形的建筑之中！六边形总是能非常整齐地连接到一起，并且六边形内部的空间也大。如果你画一个周长为60米的正方形，那么它的面积为225平方米，但一个周长为60米的六边形的面积几乎达到260平方米。

当然，我们几乎从来没有建造过六边形的建筑物，那是因为我们还不如蜜蜂聪明。蜂房就是许许多多个六边形构成的阵列。因为蜜蜂明白了，用此种形式它们可以得到最大的空间，在建筑效率方面，蜜蜂与人类的比赛结果是1：0。

奇异的建筑和外星的幽默

世界上最著名的建筑之一是因为它的奇特的形状而得名的，在跟随"可怕的科学"丛书进行过一番调查之后，我们现在可以揭示为什么美国国防部设在一个叫做"五角大楼"的巨大建筑之中的真正原因。

让我们假设该建筑是"六边形"的，那么用不了太久，星外邪恶的智慧生物就会利用……

当然，美国人是相当聪明的，早已想到了会发生诸如此类的情况。这就是为什么他们选择了一种本身不能连接成一片的形状的缘故。

顺便提一句，这个信息是严格保密的，所以如果你与五角大楼管理委员会的人碰巧坐在一辆大汽车里，你向他们询问此事的话，你一定会看到他们试图大笑，并装出你的这种说法是错误的。但是你会知道，这种情况是真的，并且他们将会明白：你知道这事的真相，但是，最为重要的是：你也明白他们知道你知道实情，并且真正使他们不安的是：即便是他们知道你知道实情，他们也对你没有办法。

83

完全覆盖

当一种图形一点间隙没有地完全覆盖一个表面时，你可以说它将能铺满这个表面。正如你将会看到的，这将会带来一些相当令人满意的小实验。在那些规则多边形中你仅可以用正三角形、正方形和正六边形来进行实验。

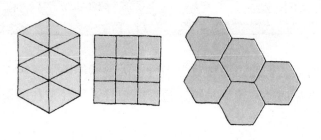

对于不规则的图形中你可采用任意一种三角形或四边形。此外，你还可以试着制作你自己的五边形或更多边的多边形来做实验。

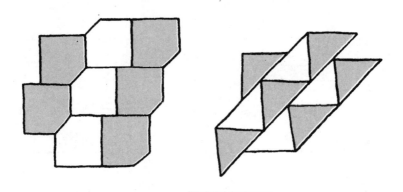

艺术家埃舍尔擅长于发明一些这样的图形——此处是他作品的一部分细节，也许能对你有所启发：

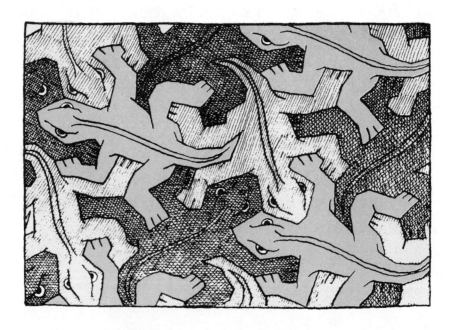

有时候人们使用两种或更多种不同形状的图形来铺盖一个表面。最常见的是八边形与正六边形的组合，你经常在铺设的地板上看到这种图案。

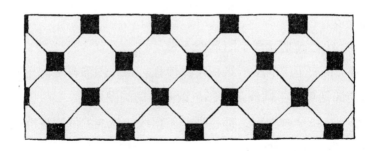

　　所有这些图案其实就是一种情况——即它们自身的不断重现。它有点像有趣的墙纸，如果你沿着它看过去，你就会看到同样的图案不断地重复出现。除了单调点之外，这里没什么不对的地方，但是如果你想试试某些非常稀奇古怪的事情，你就可以尝试……

潘罗斯板砖

　　这些有趣的板砖是罗杰·潘罗斯发明的令人难以置信的数学应用之一。如果你是一位真正的经典数学迷，请记住这个名字，因为我们的潘罗斯先生总是与某些数学上的最有用的要素一同现身的。

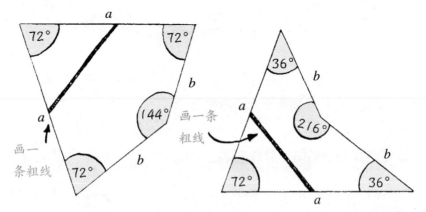

　▶　在质量很好的厚纸板上画出这两个图形。力求使角度尽可能地准确，且务必使所有的"a"边长度均相等，"b"边也都长

度相等。

▶ 小心地把这两个图形剪下来。

▶ 将剪下来的图形纸板用作模板，每样图形再多画出些。如果可能的话可用不同颜色的彩色纸画不同的图形。

▶ 在每一种图形上都各画一条粗线。粗线的两端应准确无误地位于"a"边的中点处。

你现在必须用你制造的"地板砖"放在一起来铺盖尽可能大的面积，铺砖时，"砖"与"砖"之间不得有缝隙。并且还要遵循这样一条原则，即你画的连接a边中点的粗线条必须相互连接。

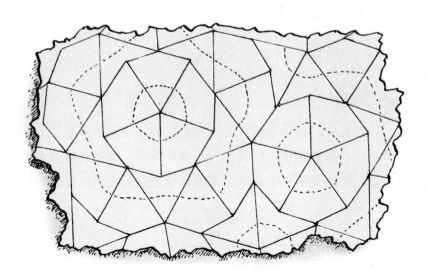

有趣的是这种"地板砖"拼接的图案永远不会重复，哪怕是你要覆盖一个足球场那么大的面积!

一切都是弯曲和扭曲的

规则多边形的一个重要的特点就是，不管你在宇宙的什么地方都没有关系，正方形永远是同样的东西。正三角形、正五边形、正六边形甚或正10^{100}边形，均是如此。

因此，如果你可以表现出你对它们是非常熟悉的，无论什么地方的任何三维的生命形式都会对你的极高智力佩服之至的。即便是在遥远的詹夫星球上的餐馆之中……

碰巧，你的机智和极有魅力的风度，最近被"地球防务联盟"所注意，为此，你才发现自己正坐在宇宙中最豪华的美食中心里。不幸的是，和你相对而坐的是来自佐格星球的邪恶的高拉克的头目。你的使命是寻求一个能够阻止他们所有侵犯企图的外交解决办法，这不，你正因为没能做到而感到失望。

那傲慢的女服务员飘然而至来让你点菜。当然，因为这里是宇宙中最豪华的餐厅，这里没有菜谱，你绝对毫无疑问可以吃到你最喜欢的不管什么东西。你就尽量表现，给人以深刻的印象吧。

87

　　噢。她将会回到厨房中告诉她所有的伙伴，然后，地球人真是太可怜了，简直都没法活下去了的消息就会不胫而走。你惨兮兮地伸出手去够你的餐巾纸……

　　等等！这可不好！一点都不好。正如整个宇宙都知道的那样，在任何一个文明社会中餐巾纸就应该是地地道道的正方形的。也许在詹夫星球上的食物不合你的口味，但是，至少你可以向他们展示一些最基本的礼节和常识。你掏出一支铅笔来要画一个正方形……

　　局势变得不可收拾，不管怎么样，你必须向他们展示一张餐巾纸应该是正方形的，但是你该怎么办呢？

　　答案是，折纸艺术，但是，不要告诉他们这个，在詹夫星球上，折纸艺术的意思则代表"从你的袜子上发出的气体将会遮蔽住一个超新星"，并且你可能会因一盘菜而自取灭亡。然而，就我们这方面而言，折纸就是折纸，那可是非常容易做的事。

　　你需要把餐巾纸折成准确的正方形，并通过这样做，就把文化和文明传播到了宇宙的最边远的角落。这里是如何用任意一张纸折叠成一个完美的正方形的办法：

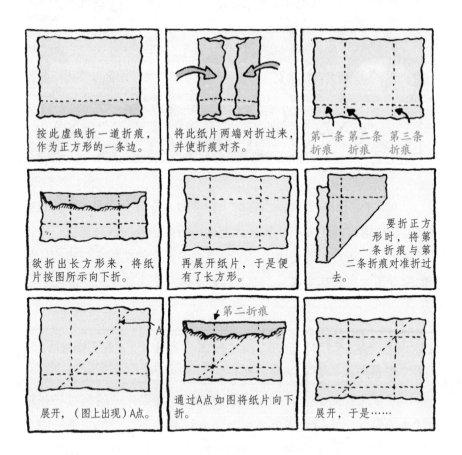

按此虚线折一道折痕，作为正方形的一条边。

将此纸片两端对折过来，并使折痕对齐。

第一条 第二条 第三条
折痕　 折痕　 折痕

欲折出长方形来，将纸片按图所示向下折。

再展开纸片，于是便有了长方形。

要折正方形时，将第一条折痕与第二条折痕对准折过去。

展开，（图上出现）A点。

第二折痕

通过A点如图将纸片向下折。

展开，于是……

如果你折得很准确，当你结束折叠时，你就会得出一个折痕明显的地地道道的正方形。如果你把这些折痕之外的部分都折下去，就成了一块正方形的餐巾纸。那样将会向餐厅的工作人员表明，你的家乡虽然离此甚为遥远，但是你却不是一个未开化的野蛮人。

折出其他形状

除非你在一家外星球的餐厅，通常情况下，你还是用一张长方形的纸来开始折叠，那样比较容易。（如果你的确是以一张形状奇怪的纸开始的话，可采用上面介绍的方法先折出一个长方形或者正方形来。然后你可以沿着折痕将无用部分剪去，得出一个极为地道的规则图形。）

找一些纸来试试这些折法，可以从中获得一点乐趣。

正方形

如果你只有一个长方形，这里有一个很简单的方法让你可以得到一个最大的正方形……

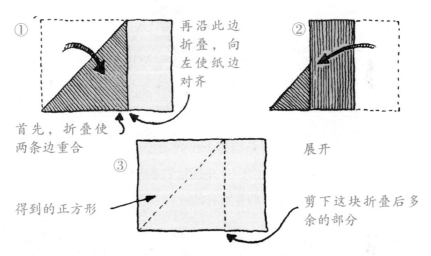

①再沿此边折叠，向左使纸边对齐

首先，折叠使两条边重合

②展开

得到的正方形

剪下这块折叠后多余的部分

等边三角形

用一张长方形的纸开始……

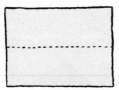

①准确地在纸的中央折一道折痕

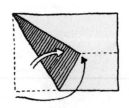

②翻过来这部分，令纸角的顶点正好落在中线上

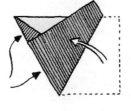

③翻过来折叠，令这两边在一条直线上

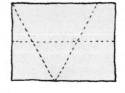

④将其打开，就会有一个地道的等边三角形了

正六边形

如果你已经折好了等边三角形，那么很容易就能把它变成一个很好的正六边形。

① 按图中所示3种方向，过三角形的中点，折叠三条折痕再将其展开

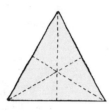

② 将三角形的角的顶点对准其中心向下折叠即可

正五边形

你要折出一个所有内角都等于108°的正五边形一定很困难，但这里有两个好方法介绍给你，并且我们不向你收取分文。

用一个正方形开始折的一流办法：

② 这两条虚线是接下来要折的两个折痕

① 首先折出两条对角线来，然后，将一个角对准中心折过去

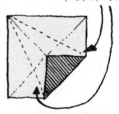

③ 将边上的部分折过来

将这一部分置于上面

④ 向下折叠令这个角的尖部对齐折痕的边上

⑤ 将最后两个角折过去，令其在中心处对齐三角形的边

⑥ 这就是正五边形了

　　如果你的五边形可能被用在博物馆中展示的话，这个办法就是可以采用之法。然而，如果你非常忙，你应该试试另外一个笨办法。下面是……

　　由于你首先已经折好了一个正方形，故而在詹夫星球餐厅里的局势已然变得对你非常有利，甚至高拉克感到应该由他来付账单了。当收据从机器中飞出来后，你抓住了它，并迅速将其打成一个结……

　　是的，这一招真起作用！这一定是数学当中最奇怪的事之一，但是要想弄出一个正五边形来，你只需要一个长方形的长纸条，并把它打成结就行了。如果你做的时候非常小心仔细，把那纸条穿过它本身尽可能远，而不会将其折出褶来，那样你就能够最后将其拍扁形成一个五边形。（当你用一根拍扁的吸管来打一个这样的结，效果更佳。）

折纸艺术是非常有趣的，特别是当你掌握了窍门之后，你就能做出各式各样有意思的形状和模型来。想象一下……

让我们开始吧，为什么不试试做一些像这样的动物模型呢：

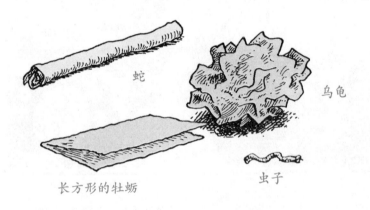

蛇

乌龟

长方形的牡蛎

虫子

有许多很好的关于折纸的书，并且你可以在http://www.murderousmaths.co.uk 网站上找到与一些绝妙的折纸艺术有关的内容。

圆

当你漫不经心地画出几条线和圆时，总会有成百上千奇怪的事情出现。这里有4个最简单的做法供你一试，但是如果你手边还没有圆规，也不用担心！用这些办法时，你无须知道圆心在何处，所以你可以沿着一枚硬币或一个缸子或一只自行车轮子甚至任何圆的东西就能画出圆来。

圆的戏法之一

▶ 画一个占满纸的大圆。

▶ 在圆周上任意标出6个点。

▶ 按顺序将此6个点分别标注为A、B、C、c、b、a（注意A与a相邻，C与c也如此）。

▶ 你现在需要连接A点与b点作一条直线。然后连接B点和a点作另一条直线。将两条直线相交之处以字母"x"标注。

▶ 再连接A与c点和C与a点，这两条直线的交点也标上"x"。

▶ 最后连接B点与c点和C点与b点作两条直线，并且也将其交点注以"x"。

▶ 这里奇怪事来了，不管你开始时在圆周上将这六个点标在何处都没有关系，你都会发现以字母"x"标注的3个交点永远在一条直线上。

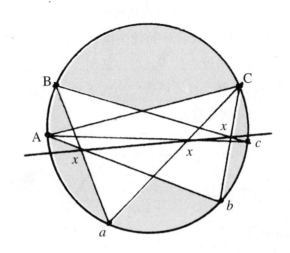

圆的戏法之二

▶ 画一个中等大小的圆。

▶ 你还需要画6条圆的切线。圆的切线就是一条与圆的边沿接触却不能穿到圆里面的直线。这6条切线只要在圆外能够连接起来就行，它们与圆的接触之点（切点）可以是圆上任何之处。看看下一页瑞弗先生画的图会使你得到一些概念。

▶ 每条切线与其相邻的切线相交得到6个交点。绕这些交点一周将其依次注为1，2，3，1，2，3。

▶ 过1，1点作一条直线，然后再过2，2和3，3点各作一条直线。

▶ 如果你作得非常小心仔细，最后这作出的3条线应该相交于同一点。

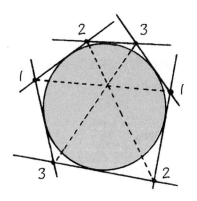

在本书的后面章节中我们将讲到如何画椭圆——有意思的是这两种戏法都适用于椭圆。（当然，你必须非常善于这种作图方法。）

圆的戏法之三

▶ 画3个圆，相交于一个共同点（看图示中所标注的"C"点），这3个圆可以是大小不同的。

▶ 在这3个圆两两相交的其他3个地方标注上3个小十字。

▶ 选择其中一个圆将其命名为D圆。在该圆上任意一处标上一个小十字。我们称之为D点。

▶ 从D点过D圆上的两个小十字作两条直线。

▶ 在这两条直线与另外两个圆A与圆B相交之处也作上小十字记号。

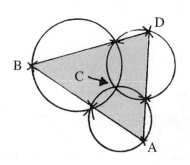

▶ 如果你连接A、B两点，则直线AB应该永远会通过第三个小十字。

▶ 为什么不用不同的颜色并在另外之处标注D点，然后再画直线？——那结果应该是同样的。

圆的戏法之四

▶ 在纸上画一个大圆。

▶ 在圆上任意4个地方标注上4个小十字。

▶ 将这4个小十字连接起来形成一个四边形（由于该四边形的4个内角顶点均在该圆之上，故而，它称为圆的内接四边形）。将一组对角绘上阴影。

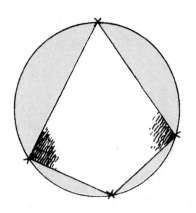

▶ 将这四边形剪下，将此四边形的4个角撕下来。

▶ 如果你将这两个绘有阴影的角对在一起，它们会拼接成一直线！如果你把那两个未涂阴影的一对角对接在一起，也能构成一条直线。

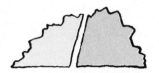

有这么一条法则来描述这最后一个戏法：圆的内接四边形对角相加永远等于180°。

啊！数学麻烦就麻烦在，如果你说什么永远怎么怎么样，那么在某个地方一定会有某个人会问你为什么会是这样。幸运的是，这条法则证明起来并不太难。你所要知道的只是什么是等腰三角形以及圆的半径永远是等长的。

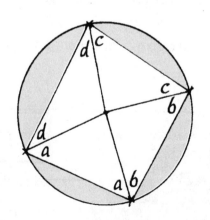

这里有一个圆的内接四边形，要表明为什么前面那条法则成立，我们先画出圆心来，然后从圆心向4个角顶点各画出一条线来。因为，这些从圆心画出的所有4条线长度均相等，我们就得到了4个等腰三角形。

每一个三角形都有两个相等的角，这里我们将这些相等的角标注为a、a、b、b、c、c和d、d。

假设你将这个四边形剪下来，并将4个角全部放在一起。它们会构成360°。

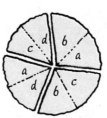

而且你会发现这里a、b、c和d角每种都有两个。现在假设你仅有a、b、c和d角各一个——那么，它们仅会构成180°，也就是直线。

看图示，选出两个相对的角，你将会看到在它们当中，仅仅有a、b、c和d，每种一个角。因此，如果你挑选出两个相对的角，它们相加起来一定是180°。至此，我们业已证明了那条法则成立。

好啦，那可不是摇滚乐，但是老实说——这是相当令人满意的，不是吗？

法斯特巴克的污物制造者

法斯特巴克公报
罐头口条带来的惊恐

法斯特巴克的罐头口条制造厂有可能成为它自己的成功的受害者。最近他们全力开展生产，以满足对罐头口条需求的高涨。当被问及为什么他们的产品如此受欢迎时，工厂厂长丹·怀特先生回答道："我们的罐头口条能够为自己说话。"但是盛放工厂中的废品和口条的大圆罐都要溢出来了。如果不采取任何措施的话，那么整个城市就将会被口条浪潮所淹没。

当被要求就此作出评论时，怀特先生的舌头似乎被缚住了。

法斯特巴克口条
你不能舔它们

同样，这里有另一则来自散发着恶臭气味的法斯特巴克市的新闻故事。进一步的调查揭示，那个大罐确有紧急排泄孔的，但是，正如典型的法斯特巴克市的风气那样，那把开启排泄孔的手柄正好在大罐顶点的中心。够到手柄的唯一办法就是在罐口上放一架梯子，爬到梯子上，但是……

那梯子长度不够，不能跨过罐的中心，你也不能把梯子斜倚到手柄上。你能做到距手柄最近的办法也就是爬到梯子的中央，伸出手去够，但那手柄还是够不到。顺便提一句，不要向下看，因为那里面有些口条仍然是在颤动着的。我们可不是毫无缘由地把这些书叫做"经典数学"的。

是否值得试试把这梯子沿着这罐沿的大圆移动移动来使你更接近手柄一些呢？

答案是，不！要知道为什么，我们得要了解一点有关弦的知识。

献给维罗尼卡的美妙的弦乐小夜曲。

嘣嚓嚓！
嘣嚓嚓！

我回敬您一点……

哗啦！
哎哟！

噢，我们可不是说弹的那种弦。我们所说的弦乃是在圆上画出的一条直线。

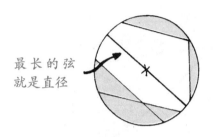

最长的弦
就是直径

你将会注意到，你能够画出最长的弦，穿过圆心的——因此，当然它也就是圆的直径。关于弦有一个显而易见的规律：相同长度的弦与圆心的距离相等。

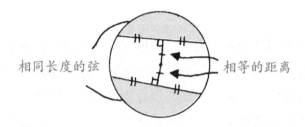

相同长度的弦   相等的距离

这里我们有两个长度相等的弦，要找出弦与圆心的距离，你只须由圆心向弦的正好一半之处画一条线即可（那就像是作其垂直平分线，就像我们在第20页关于沙滩上的上校看到的那样）。如果你测量一下，你就会发现，这两条弦与圆心的距离是相等的。

证明它!

嘟!

没问题！我们所需要的是一个圆带有两条相等的弦，我们把两条弦的两端与圆心相连。我们于是得到……

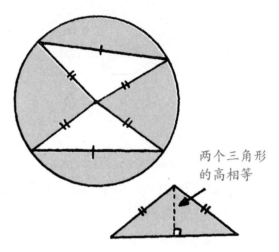

两个三角形的高相等

两个全等三角形。每个三角形都有两条边是圆的半径，因此它们都是相等的长度。每个三角形的第三边即是我们开始时的相同长度的弦中的一条，因此它们的第三边也是相等的。如果两个三角形的对应边相等，它们就是全等三角形。这就意味着，它们必然拥有相等的高，而这个高即是弦到圆心的距离。

多么令人满意呀，但是万一你还没有忘记，你仍然在记挂着法斯特巴克的口条大罐。不管你把梯子放在何处，你总是够不到那只手柄的。只要一滑，你就会落下去被那些"舌头"舔死的。

顺便提一句，假如你有两架梯子，而这两架梯子又都比较短而不能从中间横跨在罐上。那么你是否能够运用一点"经典数学"中的思维模式来看看如何才能使你够到那只手柄？（并且，要记住，把这两只梯子绑到一起成为一个较长的梯子的做法可是不安全的哟！）

弦和照相机

　　这里还有一些有关弦的奇怪之事。设想你置身于一间巨大的圆形房间内，而且有人已经把你的一幅巨大的肖像靠墙而放。棒极了！你背靠房间的另一面墙而立，举起你的照相机，这照相机上没有诸如变焦镜头和广角镜头之类的有趣装置。你透过照相机取景器看去，发现，你的肖像的宽度正好可以放在取景框之内。奇怪之事就来了，无论你靠在墙的何处站立，你总会发现那肖像还是正好都在取景框内！

105

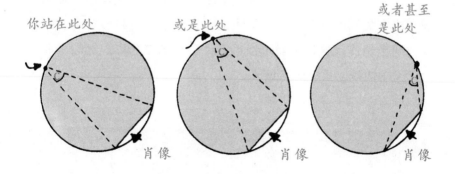

　　一台带固定焦距镜头的相机，永远拥有一个相同的视角，即你可在图中看到的角C。奇怪的事就是，如果你有一条弦，并从

此弦向圆上任何一点画出两条线，则这两条线相会之处形成一个夹角，并且，不论你以此法作出多少个这样的角，它们永远是相等的。

好吧，好吧，请把你的假发戴好！他得等一等，因为我们必须得先来看看一些其他的东西。用数学的语言你可以说：同弧上的圆心角是圆周角的2倍。下图展示了我们所说的意思。

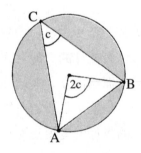

好，分析到此为止，如果你的头脑清醒，并且处理事情时循序渐进，一步一个脚印，你就能够证明这条原理，永远是真的！要证明有关圆的一些事情，最大的一个秘诀就是将所有圆上的点都与圆心相连，这样你就可以得到许多等腰三角形。然后，非常幸运，事情就变得显而易见了。

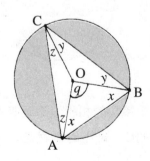

让我们来看看我们得到了些什么。因为一个圆的半径永远是相等的，我们在这里得到了3个等腰三角形和3组标注为xx、yy和zz的两两相等的角。我们的弦是线段AB，因此我们要证明的是，标注为q的圆心角为角C的两倍。

你将可以看到，在图中，角C已经被分为两个角即角z和角y，因此我们可以说C=z+y。由于角q应该为角C的2倍，那么我们需要证明q=2z+2y。系好你的安全带——我们就要飞了：

▶ 因为三角形的内角之和为180°，我们知道在三角形AOB中，q+x+x=180° 我们可以将其写作q+2x=180°。

▶ 在大三角形ABC中，其内角之和亦应为180°。并且如果你计算一下所有的小角，你就可得到2x+2y+2z=180°。

▶ 由于q+2x和2x+2y+2z都等于180°，因此，我们可以得出下式：q+2x=2x+2y+2z。

▶ 最后，如果你了解方程的最基本知识，因为在方程的两边都有2x，我们即可以将其都消去。当我们将其消去后，我们就得到：q=2y+2z。好，我们已经完成任务了。

你们已经完成任务了。

那绝妙之处就在于我们没有谈及"C"应该在圆上什么地方。只要"C"点位于弦的同一侧，这一原理就永远成立。事实上，我们也可证明在"C"点甚至被像这样推过去的话……这一原理也能成立的。

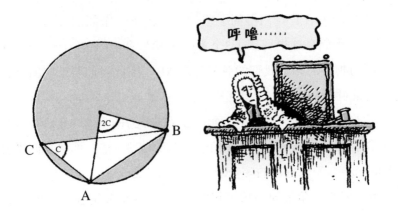

……嘘！他已经打起呼噜来了，还是让我们省点事，别再证明了，抓住这个机会来回顾一下我们在第6页所看到过的情景吧。设想，画有这么一个圆，一条直径横穿过圆心，且圆上有一个角，如下图所示：

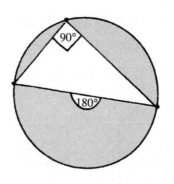

正如我们刚才所看到的，同一弧所对的圆心角是圆周角的两倍——但是，由于直径是圆心角为180°的一条直线。因此此处的圆周角必然是180°的一半即90°。如同泰勒斯所说的："半圆上的圆周角是直角。"

好，现在该是我们来享受一下的时候了："经典数学协会"非常激动地宣布，我们已经邀请到一位非常特殊的客人，他非常乐意为我们讲述有关圆的知识的最后一部分内容。请你们将双手合十来欢迎我们的顶级电视明星以及游戏节目的主持人：

提图斯·奥斯金
介绍关于切线的知识

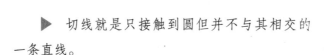

你们好，你们真是幸运儿！这里有一些能够让你们馋涎欲滴的关于切线的基本知识。

▶ 切线就是只接触到圆但并不与其相交的一条直线。

▶ "切线"糖果有3种规格：中号的，大号的和节日家庭装的。

▶ 切线与过切点的半径之间的夹角永远是90°。

▶ 从圆外任意一点，可以作一个圆的两条切线，这两条切线的长度将是永远相等的。

▶ "切线"的糖果有许多种味道，包括：橘子、咖啡、柠檬、咸蘑菇和牙膏味的。

▶ 所以下一次你要向某人表示你有多爱他，就请他吃切线糖吧。

▶ 切线糖果在提图斯商店有售。

停下来！够了够了。快从这本书里滚出去！

　　嘿。老实说，我们真有点惊讶他同意出场，但我们从来就没有怀疑过，这竟然是推销他的糖果广告的一个计谋。对不起了，但是我们还是对你能够从那些胡说八道中清理出有用的成分满怀希望的。

岩石与滚杠

　　有一天在乌德的洞穴外面……

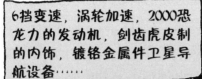

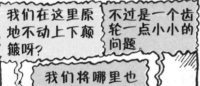

症结在哪里，现在一切似乎都是相当明显的了。但是当人们认识到利用圆来移动物体是极为高明之举时，那一定会是令人惊异的时刻。没有圆，那么在威尔特郡建造的巨石阵和在埃及修建的金字塔所用的庞大的岩石可能永远也不能运送到那里。

但是为什么是圆呢？

假设，你试图用正方形的滚杠来滚运一块巨大的石块，随着这种滚杠的角在转圈（这当然是要在你能使其先转动起来的情况下），将会使石块上下颠簸。任何一个拖拉这块巨石的人都会感觉到他们好像是在要把这巨石向一排排陡峻的小山上拉一样！然而，人们很快就认识到，如果他们在巨石下面采用圆形滚杠，那么巨石就会很顺溜地轻松移动了。

圆形滚杠作用如此之大的原因就在于，当它滚动时，能够使得巨石永远保持与地面的距离相同。这是因为无论你在任何方向上穿过圆心来测量，测得的圆的直径永远是相等的。

非圆形滚杠

有意思的是，还有一些其他形状的物体也可以作滚杠来运送巨石，巨石依然能够运动得极为顺滑。就和圆一样，这些形状也是直径恒定不变的，但是，与圆不同的是，这些形状都有角！万一你在想，这不过是些根本不可能存在的数学上怪异的异想天开……噢，绝对不是，我们甚至可能让你的口袋里出现几种这样形状的物体！（让我们把这些拥有恒定不变直径的形状叫做"恒定直径形"。多么有趣！没有读过本书的任何人都会对这是什么意思茫然不解，丈二金刚摸不着头脑的。）

这里是如何画出一个最简单的恒定直径形状的方法：

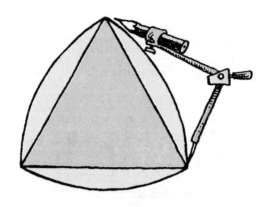

▶ 从一个正三角形开始。

▶ 把你的圆规的尖脚刺在三角形的一个角的顶点处，将其张开到三角形的边长那么大的宽度，作一条弧与此角的对应边连接起来，在另外两个角上重复上述步骤。

▶ 结果你就得出一个带有曲线边的三角形，有意思的是，这个形状拥有恒定不变的直径，因为任何一条弧上的任何一点到其对应角顶点的距离都相等。如果你滚动这个形状的物体，其最高点永远与地面距离相等。如果你拥有此种形状的滚杠，你将也能够平滑顺溜地拖动你的巨大的石块！

恒定直径形状并不是非得从一个正三角形开始，你可以采用任何规则的五边形、七边形、九边形——只要它们的边为奇数即可。某些硬币如20便士和50便士，都有七个边，但是请注意它们的每条边都稍微有些弧度。每个弧的中心都是在其对应角顶点上，因此这些硬币实际上是恒定直径形！你可以用一个漂亮的实验来展示这一点。你需要有：

▶ 5枚或更多的20便士的硬币（或者50便士的硬币，如果你很有钱的话）。

▶　一些"强力坦克"牌的胶。

▶　一块重达几千吨的巨型石块（实际上，一本大厚书就行了）。

用胶把你那些硬币使其边都对齐粘到一起做成一个"滚杠"。把你的滚杠放到巨型石块或巨大厚书下面，在桌面上轻轻地滚动它。

尽管你的滚杠带"角"，石块或书在移动时会"上下跳动"吗？不！不会跳动的。这是因为你的滚杠拥有一个恒定不变的直径！幸亏有这一摞20便士的硬币，现在你就可以继续前进，在你厨房里建造起一个巨石阵了。

为什么轮子必须是圆的?

轮子和滚杠之间的区别就在于,无论你用滚杠移动什么东西,它总是位于滚杠的上面。然而用轮子时,你需要在轮子的正中央固定一个轴。除非你想要你的小汽车、货车、三轮车、手推轮椅或者大车上下颠簸跳动,你就必须使这一中心永远保持在高出地面相同距离的地方。这就是为什么你需要一个圆——因为只有圆是中心与其边缘距离永远相同的。

恒定直径形状的有趣之处就在于,没有这样一个准确地高出地面同样距离的中心存在,这也就是为什么不是按恒定直径形状的方式来制造轮子的原因之一。当然这不是主要原因——主要原因仍是恒定直径形状的物体制造起来可真是件令人痛苦的事,而圆形物体制造起来可就方便容易得多了。

我们接着将研究一下"规则立体",这可能听起来没什么令人好兴奋的,但是,请不要跳过去不看这一章。如果你甩开规则立体而不来欣赏欣赏它们,你就错过了一场享受。问问任何一位老人,他们都会明智地点头称是,并告诉你这一切都是确确实实的。

115

规则立体

　　规则立体在数学中占有非常特殊的地位，因为它们是独有的一族——它们一共只有5种。

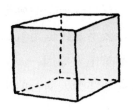

立方体（或六面体）
6个正方形面
8个角
12条边

正四面体
4个正三角形的面
4个角
6条边

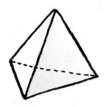

正二十面体
20个正三角形的面
12个角
30条边

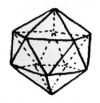

正八面体
8个正三角形的面
6个角
12条边

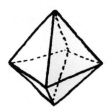

正十二面体
12个正五边形的面
20个角
?条边*

★ 你来自己算一算，它有多少条边？

进入规则立体俱乐部的条件：

1. 所有的面必须是规则多边形。

2. 所有的面必须大小和形状都相同。

3. 每一个角必须由相同数量的面结合而成。

4. 不得穿运动鞋。

我可以加入俱乐部吗？我所有的面都是正方形，并且它们完全相同······

对不起，伙计，你可是穿着运动鞋呢，去看看规则第3条吧——你的所有外角都有3个面结合一起而成，但是中间那些角则是每个都有6个面。

让我们来瞧瞧下面这几个词是什么意思：

▶ 面，是你对一个立体的平整的一侧的称谓。

▶ 顶，是数学家所坚持的一个立体的角的称谓。所以，如果你一旦见到一位数学界的人士在厨房里滑倒了，并把脸碰到工作台的角上，你要提醒他，他应该告诉医生："我刚才把鼻子碰到一个顶上了。"他会非常感谢你能使他正确地进行表述。

▶ 边，是你称一个立体的……边。它是两个面相交处的一条线，它介乎两个"顶"之间——或者说在两个角之间，如果你是个普通人而不是数学家的话。

让我们回过头来再看看规则立体，你将会看到，带有三角形面的立体有3个；带有正方形面的立体有一个；带有正五边形面的立体有一个，你无法运用其他任何正多边形构成遵循所有3条法则的立体来。如果你真的试了试通过用胶粘接的办法来造出一个有趣的形状的物体，例如，一堆正八边形，其结果，你只会得到一种看上去像降落伞式的东西。

有趣的欧拉公式

不管哪种立体，只要它没有弯曲的边或者曲面，你就可以说：面数 + 顶数 = 边数 + 2。对于立方体，它就是6个面 + 8个顶 = 12条边 + 2。这个公式是永远成立的！你能够求出一个十二面体有多少条边吗？对照图，仔细数数，看看你的答案到底对不对。

即便是你砍掉一个角或者再添加上一些大"鼓包"，这个公式依然成立。请试试下面这个立体：

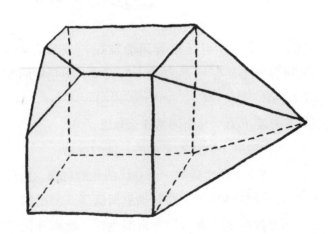

　　尽管人们知道只有5种规则立体这一情况已有数千年之久，但是却没有人知道为什么会是这样。似乎不可思议的是，每个人都认为这种情况与某些绝对令人难以置信的事——诸如海潮、音乐、古代的神甚至整个宇宙——存在某种联系。

　　请想象这样一幕：我们正置身于希腊雅典，时间大约在2400年前，有一个叫柏拉图的人，花费了他的毕生精力思索一个非常难的问题。那是关于柏拉图在其思维当中把世界分开，然后再把它们恢复到一起的问题，由于那时人们还没有足球、流行音乐或电影院供他们娱乐，他们像等待一份精美食品似的口角流涎，期待着听到柏拉图的思索进行得怎么样了。柏拉图了解了这5种规则立体的情况，于是他通宵达旦坐在那里，旁边是他的剪刀和胶水，冥思苦想，如何能将它们置于他那个巨大的体系之中。

我们做一些与这相称的配件，如挎包啦，鞋子啦！下个季节一定会火起来的！

嘘……他一定想到了什么！

冥思苦想

我明白了！宇宙是由这5种规则立体构成的！

嗯??

每个人都知道世界是由土、风、火和水混合而成的。

当然！

我觉得挺有道理。

就在你们思考这工夫，八面体构成了风，正方体构成了土，四面体构成了火，二十面体构成了水。

你漏掉了十二面体。

不对，还有一个……

是的，显而易见，十二面体是代表宇宙总体的。

这种观念在那时候非常轰动，那5种规则多面体被称为"柏拉图多面体"，毕竟，它的确符合大自然所提供的几条线索，因为，纯净的盐的晶状体是正方形的，完美的钻石则是八面体。当人们最终认识到物质是由不同的原子而不是火、风、土和水所构成的，一定会感到有点失望。想象一下，如果你的裤子是由有风助势的火焰制成的，对你而言那将是何等的乐趣。

在柏拉图之后的几千年，另一位伟大的天才开普勒为这5种正多面体想出了完全不同的用途。你们需要闭上眼睛来想象想象。

等一下！先别闭上眼睛，因为你们还没有读一读你们应想象些什么。好悲惨呀！开普勒是一位出类拔萃的天文学家，但他那时候只发现了6颗行星：水星、金星、地球、火星、木星和土星。开普勒对为什么会是这样感到奇怪，直到他得出这么一个概念：如果说存在着六个行星，那么它们之间必须存在着5个空间。

> 5个空间？还有5个规则立体？
> 我想……

当然，这个问题绝不是个简单的问题。这些行星与太阳的距离各不相同，并且各自以不同的速度绕太阳旋转，因此你不可能按照它们好像在一条直线上那样，计量出每个行星之间的距离。

这里是他所提出的情况：

▶ 假设太阳处于正中央的位置。

▶ 有一个大球包围着太阳，在球的上面绕球一周画有一条线。这条线代表水星围绕太阳旋转走过的路线。

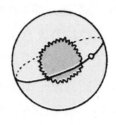

▶ 在水星的球体外面有一个八面体。这个八面体的每一个面都与水星球体的表面相切（接触）。然后在这个八面体外又有另外一个大球，球体与这八面体的每个顶角都相接。这个球体上也画有绕球一周的一条线来表示金星绕太阳旋转的路径。

▶ 在金星球体外面是一个二十面体，然后在它外面是一个更大的球体，上面有一条线表示地球绕太阳运动的路径。

▶ 在地球球体外面是一个十二面体，在它的外面是一个更大的球体，这是火星球体。

▶ 接下来有一个四面体包着火星球体，然后在这个四面体外是另一个更大的木星球体。

▶ 最后，顺便问一下，你的头脑情况如何？有没有晕头转向啊？有一个正方体围在木星球体外，然后在它外面是一个土星球体。

以想象土星与木星球体是如何联系的作为开始可能是最简单不过的了。假设，土星球体是一个塑料足球，并且你把它拦腰一切两半。然后你找来一个能够放入到这只足球里面的最大的立方体盒子。然后你在这盒子里再放入一个能够放得进去的最大的球。那个球即是木星的球体。

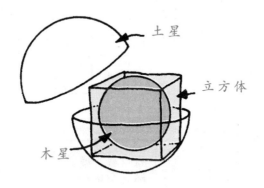

明白了吗?

开普勒的说法完全是虚构的,这是有些惨,因为,它可能是解释各行星之间的距离为什么会是现在那样的相当聪明的方法。此外,更为凄惨的是,开普勒过着相当苦难的生活,但是,至少他后来关于行星以及它们如何运动的见解则是绝对高明的。你可以在关于椭圆的那一章中读到他的观点。(最后,开普勒死于贫穷,他一生花费了很大的精力试图追讨欠他的钱和挽救他母亲的生命,不让他的母亲被人作为女巫烧死。)

123

网格图

"网格图"是将一个立体的所有的面都画出的平面图,你可以将这些面剪下来或者将其折叠起来。

最简单的网格图可能就是构成立方体的了,这里画出了4个不同的形式。你可以把其中任何一个剪下来将其做成一个立方体,但是我们这里给你出个小难题难为难为你:你要做成的骰子相对两个面上的点数相加应该等于7。下面图中哪一个才是唯一一个能够使你做成符合要求的骰子?

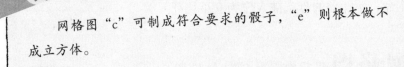

网格图"c"可制成符合要求的骰子，"e"则根本做不成立方体。

自己动手做个骰子会是很有意思的，如果我们到"最后的机会沙龙"里快速一游，你就会看到这一点的。布莱特·沙夫勒和瑞弗波特·李尔就要结束这一通宵令人精疲力竭的"蛇梯棋"的搏杀，一切取决于李尔的下一次投掷……

该你了，李尔，但是你也可以认输。你必须扔出一个7或更大的数才能赢我。

你不介意我用幸运骰子来投吧？

不介意，只要那骰子没问题，并且上面有1~6的数字就行。

在……里面翻找。

噢，那上面从1到6都有的，别担心！

滚

我投出了10！我赢了！

10？这不公道！

当然公道，绝对天公地道的！那上面有你说的从1到6的所有数字呀。不过也还有从7到12的数字。

这下子输得精光了。

正像你能够做出常规的六面的骰子一样，你也可用规则多面体做出相当不错的4面、8面、12面和20面的骰子来。这里是那些网格图的样子，你可以自行画出更大的图样并把它们剪下来去制造你的那些骰子。

沿图中虚线折叠，将A边与A边，B边与B边粘到一起，以此类推

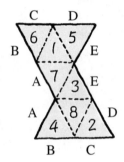

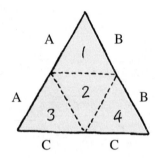

①将这所有的一对对边粘到一起

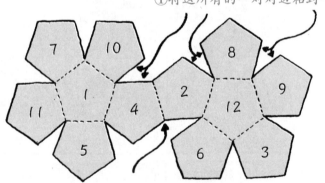

②从此处折叠，并将这两半粘到一起

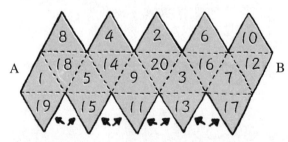

①将这所有的一对对的边粘到一起　　②将A与B粘接到一块

注：四面体的骰子永远会有一个面朝地落下的。因此你需要将其投掷到一张玻璃桌子上，然后爬到桌子下面向上看，才能看到它底面上的数字。

其他种类的骰子

你可以制造出带有任意偶数面的骰子来。

这里是一个十面骰子的样子：

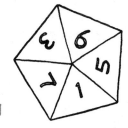

俯视图

侧视图

它就像是两个底面粘在一起的五面的金字塔。总共有10个三角形的面。这些三角形可以是等边三角形，但这样会使那骰子非常扁，因此这种骰子通常做的较高也较细。即便那些三角形都是等边三角形，它也不能形成一个新的规则立体，你能明白这是为什么吗？

答案

因为有两个顶角由 5 个面构成，而其他的顶角则都只有 4 个面。

这种骰子就像四面体骰子那样，总是有一个棱朝上落地，所以你也需要看它底上是什么数字。如果你热衷于此道，你就可以做出一些真正奇特的骰子。就做一个34面的骰子如何？你所需要做的一切，也就是先做出两个17面的金字塔。然后再把它们粘到一起。

骰子玩够了没有？下面，我会带你到更有意思的佐格行星的卫星上去走一圈。

佐格行星的卫星

佐格行星有两个不寻常的卫星。卫星汀杰克斯是一个四面体，这里是它的表面展开图：

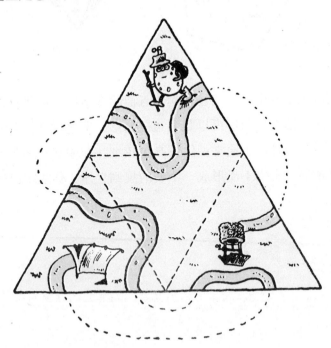

孤独的高拉克在野营度假，一直在寻找通向汀杰克斯上那口井的唯一路径。如果你把这幅图剪下来将其折叠成汀杰克斯的模型，那虚线就会表明那条路径是如何连接起来的。

正如你可能想象到的，汀杰克斯不能为征服宇宙的休闲者提供很多好去处，但是八面立体状的普图昂行星则更富有挑战性。

129

你能为高拉克找出一条返回他的帐篷而途中又不会跌落到任何一个流星坑里去的路线吗？如果你很聪明，你可能通过找出图上哪些边应该连接到一块的办法，从而找出这条路线来。不然，将这张图复制出来，剪下来再将其做成你自己的普图昂行星模型。如果你把它做得足够大，你甚至可以在上面野营的。

让你自己成为超级明星!

　　每个人都很了解最普通的"星星"——五角星,但是你是否能够想象出12个这样的五角星组合在一起构成的一个三维立体会是个什么样子呢?

　　图中有一些"星"被涂上阴影,以便能使你看清楚它们是如何相互联结的,如果你是那些非常擅长于画画、剪刻、粘接工作的人中的一个,你可能会乐于试着动手自己做一个。

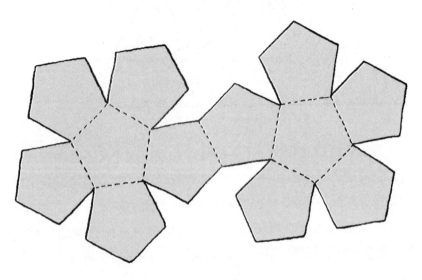

你只需要这些十二面形中的一个

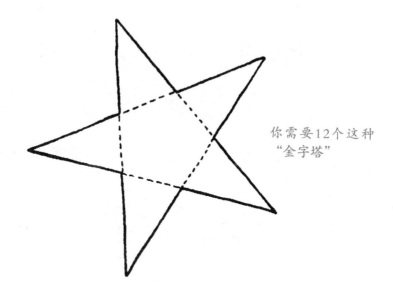

你需要12个这种
"金字塔"

　　复制这些网格图的大型网格图——包括12个"金字塔"网格图。

　　▶ 剪下图来，并制作出一个十二面体和所有的"金字塔"来。

　　▶ 将"金字塔"一个个准确地粘接到十二面体的每一个面上。

　　▶ 找来12种颜料给每个五角星涂上颜色（每个"金字塔"最后应带有5种不同的颜色）。

　　如果你不是手忙脚乱地，而是从从容容地进行制作，最终一定能做出个有趣的东西——你自己也就成了一个超级明星了。我们的要命的艺术家瑞弗认为这件事太容易做了，但是结果却是不得不用一队消防队员来把粘在厨房里餐桌上的他给解救下来。甚至在那之后的几个星期里，他的后脑勺上还粘着一个小"金字塔"到处走来走去，自己却浑然不知。

131

椭圆，窃窃私语和漫游的星

人们了解有关椭圆的知识已有好几千年，但是到目前为止，仍然有一个问题一直没有答案：

椭圆是一个压扁了的圆吗？

我们把这个问题提交给"经典数学"的研究人员，他们业已设计一个实验，意在一劳永逸地解决这一重要问题，让我们来看看他们的实验进行得如何了……

这证明你不能通过把一个圆就那么简单地压一压，就可以得到一个椭圆的，如果你曾经读过一点第16页上有关轨迹的内容，你就会知道，圆乃是与中心等距离的所有点的轨迹。这里是有趣的部分了——一个椭圆就像一个有两个"圆心"的圆：

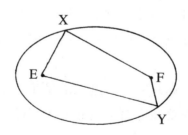

首先要知道的是，这两个"圆心"不在中央，故而它们称为"焦点"（这是像locus之类字的另一个例子，如果只有一个焦点，它就是focus，而如果有不止一个焦点，那就是foci），我们把它们称为E和F，分别代表椭圆的两个焦点。

非常重要的是，如果你在椭圆上任意选择一点，并从此点测量出到两个焦点的距离，无论选多少个点，这样求得的这两个距离之和永远是相等的。

因此，线段EX+FX等于线段EY+FY。

椭圆像鸡蛋吗？

不像，因为鸡蛋一头比另一头尖一些。

椭圆的测量

每一本"经典数学"丛书都有难解决的任务，从而使你可以把这本书拿给你的老师，或你的阿姨，或者你的孙子孙女看，并说："瞧？这书里可不是什么无聊的废话，看这本书是一次很有价值的学习经历。"即便你不会解这个很难的难题，也要把书打开到这一页，将它摊平。就算你把它扔出去，它也将会在落下来时打开到这一章节来的。任何一位偶然拾起它的人都会想，这是你最喜欢的内容，因此你一定是个天才。不管怎么说，这里是……

当你画圆时，你只需要知道一个尺寸，那就是半径。而对于椭圆来说，则需要知道两个尺寸。一个尺寸就是它有多大，另一个则是它有多"胖"或多"瘦"。下面我们来看看它们是如何起作用的。

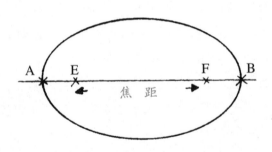

焦距

　　"它有多大的尺寸"就是指两个焦点之间的距离，这是很容易得出的。在图上即是EF。要求出"胖或瘦"的大小就有点麻烦了。这个尺度叫做椭圆的偏心率，要求出它，你必须测量AB。然后用EF除以AB得出一个分数EF／AB,而这个分数即是椭圆的偏心率。很显然，AB永远必须长于EF（你不可能使椭圆的焦点位于椭圆之外，那就像是圆心在圆外一样不可能），因此，偏心率永远小于1。

　　不要为这些算术问题发愁，主要的问题是：偏心率越大，则你的椭圆就会越长、越瘦。反言之，如果偏心率很小，则你的椭圆就会越圆或胖。而如果两个焦点相互重叠在一起，则它们与AB之间的距离为0，因此偏心率也就为0。结果你得到的是一个圆，你的结果不可能比它更圆或更胖了。

你的椭圆是如何偏心的?

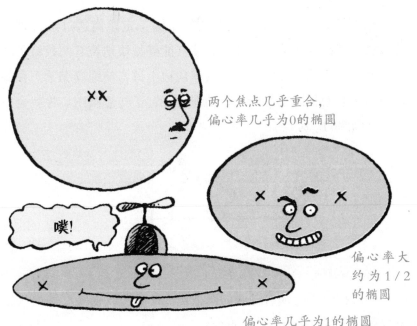

两个焦点几乎重合，偏心率几乎为0的椭圆

偏心率大约为1／2的椭圆

偏心率几乎为1的椭圆

噗!

135

你刚刚度过了最难的部分，现在去舔舔镜子里面你那张聪明绝顶的脸吧。

如何画一个完美的椭圆

▶ 把你的尺子扔掉，去找一把锤子和两枚钉子来。别再想你的圆规了，去弄一根细绳来。

▶ 把那张你通常在它上面伏案工作的镶有大珍珠的路易十四式光可鉴人的古董大桌子移开，去搬一张旧工作台来。

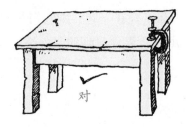
对

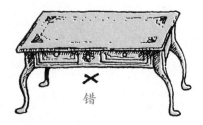
错

将纸铺在工作台上，把两枚钉子隔一定距离透过纸钉进工作台里，把细绳系成一个环套，使其能够松快地绕着两枚钉子转动。把一支铅笔插在绳套里，将其向边上拉，使绳套绷紧。在保持绳套绷紧的状况下，铅笔带动绳套绕钉子转圈画图。你就会得到一个椭圆的。瞧!

钉子
铅笔
钉子
绕钉子绷紧的绳套

那两枚钉子扮演着椭圆的两个焦点的角色，而绳套确保从铅笔到两个焦点的总距离永远不变。

顺便说一下，假设你把两枚钉子钉在同一个地方，那会怎样呢？那就意味着你将两个焦点相互重叠，就像我们前面提及过的，此时你若转圈移动铅笔，那么，你得到的就是一个圆了。

如何用纸折出一个椭圆来

这挺奇怪——但它却切实可行！

▶ 用纸剪下一个大圆来。

▶ 在圆内某处标注一个小X，但不得在圆心处。

▶ 将纸翻过来折叠，使纸的边缘对到X上，折出一道折痕来。

▶ 将纸转一个位置再翻折，这样一直转着折下去，每一次都让纸边对上X点叠。

▶ 最后，你在纸上折出的所有折痕将会包围出一个椭圆的形状来。

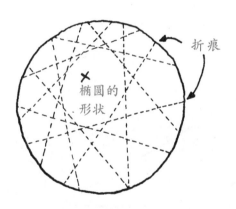

折痕

椭圆的
形状

137

如何倒水倒出一个椭圆来

这个就很容易了，但却有点枯燥无味。取一个圆口玻璃杯，里面倒上水，并倾斜杯子。杯子里的水的表面就会呈现出椭圆状（无论你的玻璃杯是直筒的、斜的，都可以办得到的）。

为什么要为椭圆费脑筋呢?

椭圆会以千万种方式出现,但是我们这里篇幅有限,仅来探讨其中几种。

椭圆的房间

假设你有一个房间,地板是椭圆形的,墙壁直上直下的。你站在一个焦点上,让宾基站到另一个焦点处。如果你朝墙上任意一个方向扔出一个球去,它都会被弯曲的墙壁反弹出来直接飞到宾基那里。如果他把球向墙上回扔过去,则球同样会弹到你那里。

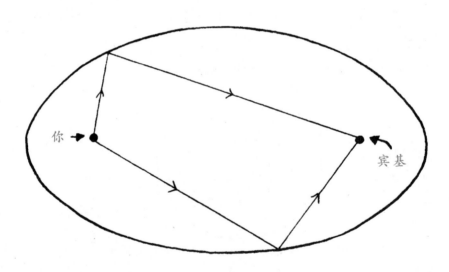

简直令人难以置信,不管你的椭圆形状如何(是胖还是瘦),不管你把球向墙上哪个地方扔去,都没有关系——墙的形状正好可以把球从一个焦点反弹向另一个焦点!

可要当心,不光是球能够反弹到宾基那里的哟,可别说任何关于他的坏话,哪怕耳语那么轻的声音也不行,因为你发出的任何一点点声音都会被墙反射出去直接到达他那里的,他会把你所说的一切听得清清楚楚的。如果你不相信，那么就通过参观访问来让你学点科学知识吧……

悄悄话长廊

在世界上有许多利用椭圆的特性而设计的建筑，可能最为著名的要数伦敦的圣保罗大教堂了。教堂的穹顶是一个椭圆形的构造，并且教堂里面有一条正好通过这个椭圆的两个焦点的走廊。如果你有一把巨大的刀子来把这个穹顶一切两半做个剖面，那么它看上去就会是这个样子：

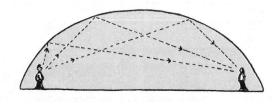

由于声波完全从这个椭圆的一个焦点处反射到另一个焦点处，如果有人在对面对你悄声耳语，哪怕他们是在30米之外，你也能够听得清清楚楚。这就是为什么它被叫做"悄悄话长廊"的缘故，真是不可思议！

139

佐格行星

140

哪儿出毛病了？

如果地球真的绕着太阳在一个极精确的圆上转动，那么那些高拉克的邪恶计划就要成功了……但是地球不是在一个地地道道的圆的轨道上转动的！你还记得我们在第121页上曾经遇到过的开普勒吗？就是他求出了地球绕太阳运行的轨道的真正的形状是什么样子的，这仅仅是展现他卓越才华的一个例子：

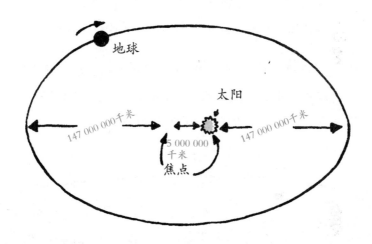

你将会看到，地球是在一个巨大的椭圆形轨道上围绕太阳运行的。我们在这里将椭圆的形状作了夸大（事实上，地球的轨道几乎是一个圆），但是关键的一点是太阳不是在中心处！事实上，太阳是在这个椭圆的一个焦点之上，尽管在另一焦点的地方什么也没有，但这两个焦点之间的距离有500万千米，这就是说地球与太阳之间的距离在147 000 000千米与152 000 000千米之间变化。

所有其他的行星也都在椭圆轨道上运行，并且，要记住椭圆的形状取决于它的"偏心率"，地球轨道的偏心率非常之小，是0.017。

▶ 金星和海王星的轨道比地球的轨道更圆一些。它们的偏心率分别为0.007和0.009。真是有点烦人。

▶ 水星则遵循着更像一个椭圆的轨道运行。它的偏心率是0.206，它与太阳的距离是在46 000 000千米与70 000 000千米之间变化。如果你在水星上露营，你会发现有些天太阳的个头儿看上去要比另外的日子里大些！

▶ 冥王星的偏心率是这些行星中最大的★，为0.248，提醒你一下，太阳距冥王星太遥远了，故而如果你向它望去，简直不能分辨出差别。因此没有人到那上边去露营的。

★ 冥之星曾被人们视为太阳系九大行星之一，直至2006年才降级为矮行星。

▶ 彗星是肮脏的巨大的冰块，围绕太阳旋转，然后呼啸着离开，也许几百年后再返回来。它们的旋转轨道也是椭圆形的，但是其偏心率几乎为1，因此你得到这种形状：

随便提一句，当古希腊人抬头向上凝视夜空时，他们认为空中所有闪烁光芒之物都是星星。然而，他们注意到虽然大多数的星星都保持同一种静止状态，但有少数几个则似乎在"漫游"，所以他们把这些星星称为"漫游的星星"。漫游这个字在他们的文字中是Planetes，这就是我们把这些星星称为行星——Planets的由来。

瞧，本书的这一章可是很了不起的一章，你说是不是？你不但在这一章里汲取了一些数学方面的高深知识，而且得到了一些有关教堂建筑、天文和古希腊的信息，并且这一切都是没有额外收费的。

证明它，毕达哥拉斯！

　　真是不好意思。我们再次行将结束一本"经典数学"书了，但是仍然还有许多更酷、更有趣和更奇异的事情等待我们去探究。当然，正如任何一个学科一样，数学也有它极其枯燥乏味的一面，因此我们也应该留下几页，让我们利用这个机会来报复一下让我们痛苦了几个世纪的人。还记得我们这本书是怎么开始的吗？好啦，让我们再次按下按钮第7、35和43号，并进入神秘的地下室。准备好面对一些灾难……

　　这也该是控告他的时候了，对不对？至少2500年来毕达哥拉斯一直用他的定理使许多数学迷真的做了一些要命的数学运算和回答一些非常难的测试题。下面即是他的定理：

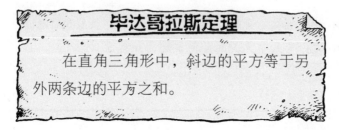

毕达哥拉斯定理

　　在直角三角形中，斜边的平方等于另外两条边的平方之和。

哟——如果你从这里跑开，把头埋在枕头下面，假装那个定理不在这儿，也会得到原谅的。但不幸的是那个定理就在那儿，但是，至少我们要对毕达哥拉斯好好盘问一番，看看他自己是否能够证明压在我们心中长达25个世纪之久的数学上的难题，是打开电极开关的时候了……

虫子还没有把他吃掉多少，因此，我们先给他点时间好让他苏醒过来，然后再让他作出一些回答。但此刻，我们不妨来查看查看他的个人档案：

姓名：　毕达哥拉斯

住所：　大约2600年前生于古希腊，住
　　　　在现在为意大利南部的地方

职业：　超级脑力劳动者

狂慕者：数千名学生和追随者

嗜好：　天文学、音乐、数学

喜欢：　偶数、奇数、素数、三角函数、恒星和行星

不喜欢：与数字无关的任何事物，如豌豆

奇怪的信念：他认为自己前世是一个特洛伊的战士

他的档案登记表上小心地避讳了他也是个"杀人凶手"的事实，但是如果你能够受得了读读那些可怕的细节，你将在《特别要命的数学》中找到那一切。现在他正在把他耳朵中的蛆虫抖出来，所以让我们赶快来看看他的定理到底要说些什么。

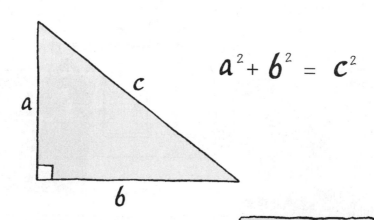

$$a^2 + b^2 = c^2$$

这十分简便，一定做得出来，我将测量这些边长并先告诉你结果。

在一个直角三角形中，"斜边"是描述直角所对的那条长边的一个有趣的词，他的定理是说，如果你测出斜边的长度并将结果平方（也就是，用它自己乘以自己），应该等于另外两条边长度的平方加在一起的得数。噢！我们把他越快弄上被告席越好，嗯？

坐下，坐下，数学迷们，看来好像老毕达哥拉斯要给我们展示展示什么聪明的做法，那么，让我们来给他一次机会吧。

首先要做的是画这样一幅图……

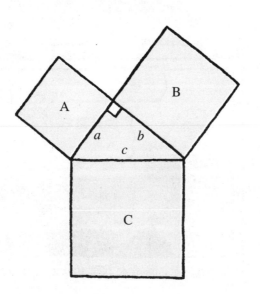

图中，在中间有一个直角三角形，以它的每条边作一个正方形。可以用另外一种方式来解释毕达哥拉斯定理，那就是：我们可以说两个小正方形A和B的面积加起来正好等于正方形C的面积。

纯粹数学家展示本书第40－43页上的证据B。

148

太乱了！但是让我们来把重要之处择出来吧。

首先，这里面有一个标以"ABC"的直角三角形。你可以看到它的每一条边上都有一个正方形。我们本来可以在这些正方形的所有的角上标上小小的直角符号的，但是如果那样就会看上去真的太乱了，因此我们还是省省精神吧。毕达哥拉斯所要证明的就是那两个小正方形的面积加到一起等于那个大正方形的面积。

聪明之处就在于毕达哥拉斯作出的垂线AX。他所做的是从A画出一条直线一直向下与那大正方形的底下的边成直角相交。毕达哥拉斯的垂线把这个大正方形分成两个部分，此处正是他独具匠心，完成他大师级水平作品的神来之笔的所在……

首先，我将展示标有PXZC的长方形与CARS的正方形的面积相等。

毕达哥拉斯还在点B与S之间也作了一条直线——稍后，我们再来看看他为什么这样做。同时，先来看看他的论点：

▶ 先看看三角形PXC。它的面积正好是长方形PXZC面积的一半。现在再来看三角形CRS——它的面积正好是正方形CARS面积的一半（我们可以将其写作△PXC = 1/2PXZC，且△CRS = 1/2CARS）。

▶ 如果毕达哥拉斯能够阐明这两个三角形拥有相等的面积，那么，长方形PXZC必然与正方形CARS的面积相等。

▶ 从三角形PXC和PAC开始。它们具有相同长度的底，因为它们都在线段PC上。它们也具有相同的高，因为线段AX与PC是平行的——因此，它们必然拥有相等的面积（△PXC = △PAC）。

▶ 现在来看三角形PAC与三角形CBS。我们将其择出，并与原来的三角形ABC一同画在这里。

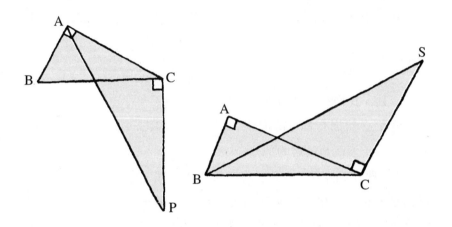

▶ PC边与CB边均源于同一个正方形CBQP，因此它们必然长度相等。

▶ CA边与CS边均源于正方形ACSR，因此它们的长度也必然相等。

▶ 在三角形ACP中，角C被分为两部分。较大的一部分是直角（因为它是一个正方形的角），较小的一部分则是一直角三角形中的角C。

▶ 现在再来看看三角形BCS中的角C。这个角C也被分为两部分。较大的部分是直角，因为它是一个正方形的角，较小部分则是直角三角形中的同一个C角。所以，第一个三角形中的角ACP与第二个三角形中的角BCS必然相等。

151

▶ 这就是说我们的两个三角形ACP和BCS拥有两条相等边。并且，它们之间的夹角也相等。如果你核对一下证据A……

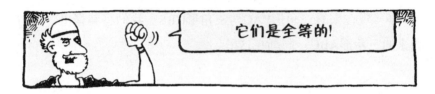

它们是全等的!

嘘!

我们说到哪儿啦？噢，对啦，我们已经看到△PXC = △PAC。且，我们现在又知道了三角形PAC与三角形BCS全等，所以知道它们必然拥有相等的面积，因此，△PXC的面积与△BCS的面积相等。下面是最后的部分……

▶ 现在瞧瞧第149页上的三角形BCS和三角形CRS。你可以看出是怎么一回事，但是我们将会从头到尾来分析一下。请注意RAB是一直线，因为在A处的两个角均为直角，且RAB与CS平行。因此，三角形BCS和三角形CRS拥有同样的底和高，所以也就具有同样大小的面积。因此，三角形CRS也与三角形PXC具有相同的面积，所以……

长方形PXZC拥有与CARS相同的面积!

呼呼!

他已经证明了那个较大的长方形拥有与AC线段上的正方形相同的面积。现在他需要阐明长方形QXZB拥有与小正方形BTUA有相同的面积。但是，其论证过程是完完全全一样的！我们不把这一过程完全写下来，而代之以数学语言来表述。

▶ 首先，你必须想象这里已经画有直线AQ、BU和TC。于是我们得到：

$$\triangle QXB = 1/2QXZB 且 \triangle BUT = 1/2BTUA$$

▶ $\triangle QXB = \triangle QAB$（同一底边上的三角形且拥有相同的高度）。

▶ $\triangle QAB = \triangle BCT$（它们是全等三角形）。

▶ $\triangle BCT = \triangle BUT$（亦是同底、同高）。

▶ 所以，QXZB的面积 = BTUA的面积。

毕达哥拉斯证明出来了！他已经阐明了如果你用垂线将一个大正方形分成两部分，那么，一个部分拥有与第一个正方形相等的面积，而另一部分拥有与第二个正方形相等的面积。

因此……那个大正方形的面积等于两个小正方形面积的和。

"经典科学" 系列（20册）

肚子里的恶心事儿
丑陋的虫子
显微镜下的怪物
动物惊奇
植物的咒语
臭屁的大脑
神奇的肢体碎片
身体使用手册
杀人疾病全记录
进化之谜
时间揭秘
触电惊魂
力的惊险故事
声音的魔力
神秘莫测的光
能量怪物
化学也疯狂
受苦受难的科学家
改变世界的科学实验
魔鬼头脑训练营

"自然探秘" 系列（10册）

惊险南北极
地震了！快跑！
发威的火山
愤怒的河流
绝顶探险
杀人风暴
死亡沙漠
无情的海洋
雨林深处
勇敢者大冒险

"经典数学" 系列（9册）

要命的数学
特别要命的数学
绝望的分数
你真的会＋－×÷吗
数字——破解万物的钥匙
逃不出的怪圈——圆和其他图形
寻找你的幸运星——概率的秘密
测来测去——长度、面积和体积
数学头脑训练营

"科学新知" 系列（17册）

破案术大全
墓室里的秘密
密码全攻略
外星人的疯狂旅行
魔术全揭秘
超级建筑
超能电脑
电影特技魔法秀
街上流行机器人
美妙的电影
我为音乐狂
巧克力秘闻
神奇的互联网
太空旅行记
消逝的恐龙
艺术家的魔法秀
不为人知的奥运故事

"体验课堂" 系列（4册）

体验丛林
体验沙漠
体验鲨鱼
体验宇宙